别让生气毁了你

不是教你做忍气吞声、人人欺负的老好人
而是教你做掌控情绪、淡定从容的最强者

BIERANG SHENGQI HUILENI

立足社会的处世哲学，战胜心魔、掌控自我的必修课

终身受益版

谢国计 / 著

九州出版社
JIUZHOUPRESS

图书在版编目（CIP）数据

别让生气毁了你 / 谢国计著 . -- 北京 : 九州出版社 , 2014.2

ISBN 978-7-5108-2714-3

Ⅰ . ①别… Ⅱ . ①谢… Ⅲ . ①成功心理—通俗读物 Ⅳ . ① B848.4-49

中国版本图书馆 CIP 数据核字 (2014) 第 035345 号

别让生气毁了你

作　　者　谢国计　著
出版发行　九州出版社
出 版 人　黄宪华
地　　址　北京市西城区阜外大街甲 35 号 (100037)
发行电话　(010)68992190/2/3/5/6
网　　址　www.jiuzhoupress.com
电子信箱　jiuzhou@jiuzhoupress.com
印　　刷　北京建泰印刷有限公司
开　　本　787 毫米 ×1092 毫米　16 开
印　　张　16
字　　数　180 千字
版　　次　2014 年 6 月第 1 版
印　　次　2014 年 6 月第 1 次印刷
书　　号　ISBN 978-7-5108-2714-3
定　　价　32.00 元

前言

PREFACE

日常生活中，我们往往因为很多人和事而生气：工作不顺心时，我们会生气；被别人误解时，我们会生气；看到碍眼的事物时，我们会生气；无法接受社会的舆论时，我们会生气。到最后，为天气、为薪水、为住房、为别人的态度、为自己的遭遇，生出种种怒气、闷气、闲气、怨气、赌气、小气、窝囊气……似乎我们的人生总有生不完的气。试问：生完气之后，从此就没有烦恼了吗？

佛说："嗔是心中怒火，可烧功德林。"无法控制的嗔怒，可以烧毁我们的健康、事业、感情和幸福。生气让我们头脑发热、冲动鲁莽，犯下无法弥补的过错。生气是拿别人的错误惩罚自己，别人丝毫未变，我们却已气伤身心。生气是在用人生的幸福做赌注，稍不留神一生就此毁掉。生气让我们精神萎靡，让我们意志消沉，让我们的人生黯淡无光。总之，人生的不幸大部分都源于生气。

"眼内有尘三界小，心中无事一床宽。"可见，人生的悲与喜都源自于人的情绪。良好的情绪是乐观的、自信的、包容的，就像潺潺泉水，充满生机与活力；不良情绪是悲观的、消极的、狭隘的，如同被风尘所覆盖的枯井，破败颓废。

情绪拥有巨大的魔力。好情绪如春雨，可以滋润万物，而坏情绪则如野火，可以毁灭一山苍翠。智慧的人知道怎样控制情绪，而愚昧之人总是沦为情绪的奴隶。增加生活阅历、培养强大的内心世界，我们才能够操控情绪，扼住命运的咽喉。

人生没有圆满，每个人都会遇到磕磕绊绊。与其执迷于“得不到”和“已失去”，倒不如做真实的自己，走好眼下的路。人生来一丝不挂，走时也将两手空空，生前的功名利禄最终将化为一抔黄土。古人说“不以物喜，不以己悲。”缘来不拒，境去不留，看淡了得失，才有闲心品尝幸福。

烦恼并不可怕，可怕的是我们在烦恼中消沉；不公平并没有那么可恶，可恶的是我们在不公平面前俯首称臣。把生活中的不如意当成洪水猛兽的人，永远得不到幸福。世界上没有绝望的事情，只有绝望的人。生活中的阴霾终将消散，阳光明媚才是天空的主题；烦恼、忧愁只是生活的小插曲，幸福快乐才是生活的主旋律。所以，凡事看得开、看得透，人生就没有什么大不了。

中医认为，心为一身之主宰，万事之根本。好心情直接影响着疾病的发生、发展和转化。古语“笑一笑十年少”，好心情是身体的灵丹妙药。不仅如此，时刻保持乐观愉悦的身心是人生幸福的不二法门。

随着社会竞争的愈演愈烈、生活节奏的不断加快，现代人的烦恼似乎越来越多，火冒三丈、怒发冲冠、闷闷不乐的人随处可见。这将严重影响我们人生的幸福水准和生活的和谐度。本书正是在这样的现实危机下应运而生，希望能给迷茫中的人们指点迷津。

本书是奉献给广大读者朋友的精神食粮，全面阐述了生气对于健康、情感、事业和人生幸福的危害，并提供科学、有效的解决方法。本书既有先贤圣人的金玉良言，又有贴近生活的现实事例，读者可以在书中畅游思想的海洋，接受心灵的涤荡，进而锤炼出淡定、从容的优雅人生。

怒发冲冠或者闷闷不乐时，请找一个安宁的角落，静静地翻开这本书。我们相信，您一定能从中受到有益的启迪。

目录
CONTENTS

第三章
愤怒是魔鬼， 别让一时的冲动毁掉一生

愤怒之人如同魔鬼附身一般，被怒火蒙蔽了心智，为逞一时之快，为泄一时之愤，往往会急火攻心，付出惨痛的代价。古语说：“一失足成千古恨，再回首已百年身。”对于任何人来说，人生都只有一次，切莫因为一时的冲动，留下终身的遗憾。

第四章
做情绪的主人， 别让“生气”牵着鼻子走

情绪具有巨大的魔力。好情绪如春雨，可以滋润万物；坏情绪如野火，可以毁灭一山苍翠。智慧的人知道怎样控制情绪，而愚昧之人总是沦为情绪的奴隶。增加生活阅历、培养强大的内心世界，我们就能够操控情绪，扼住命运的咽喉。

第五章
生命短促， 别再为小事抓狂

生活中，我们常常因为一些芝麻小事而情绪狂躁、思维错乱。其实，我们不是缺少机会，也不是资历浅薄，而是缺乏对情绪的控制。每个人都应该明白：心若改变，情绪就会改变；情绪变了，行为就会变；行为变了，习惯就会变；习惯变了，性格就会变。性格改变了，命运自然会跟着改变。

第六章
快乐不在于拥有的多， 而在于计较的少

一个人之所以快乐，并不是因为他拥有的多，而是他计较的少。我们之所以会心累，就因为常常徘徊在坚持和放弃之间，举棋不定。我们之所以会痛苦，关键在于追求的太多。只有学会做心情的主人，才能够真正掌控自己的生活。

第七章
别太把自己当回事， 沉住气才能成大器

沉住气是一个人内在修养的体现，是一个人素质的展露。沉住气，能让人稳操胜券；沉住气，能让人头脑清楚。任何情况下，要想成就一番事业，都应沉下心来，拿出十年磨一剑的心态，从容淡定地面对，这样我们才不会在困难面前败下阵来。

第八章
凡事不钻牛角尖， 做世界上最“糊涂”的聪明人

“大智若愚，大巧若拙”，是每个人都在追求的精神境界，这既不是被动地装傻，也不是被动地内智外愚，而是要求我们遵循事物的规律行事，该聪明的时候聪明，该装傻的时候就惟妙惟肖地装傻。作为凡夫俗子，不妨适时适度地装装傻吧，这样才能更好地保护自己，让自己占据一定优势。

第九章
学会给自己降降压，给负面情绪找个好出口

世界上没有不想快乐的人，只有不肯快乐的心！在这个快节奏的社会，我们时刻都面临着各种各样的压力和挑战。实质上，学会给自己降压，保持好心态，为自己的负面情绪找个好出口，让自己时刻开心快乐，才是最重要的。

第十章
愚蠢的人只会生气，聪明的人懂得争气

人生有顺境就会有逆境，因为逆境而垂头丧气，只配拥有浅薄的人生。真正精彩的人生需要磨炼，在逆境面前一味抱怨、生气，那么你注定是个失败者。真正有智慧的人不会抱怨，而是用生气的时间来提升自己、成就自己。

第十一章

生活本来就不公平， 不完美才是人生

比尔·盖茨说：“社会是不公平的，我们要试着接受它。”承认生活的不公平、接受人生的不完美并不意味着自暴自弃，而是激励人们竭尽所能，迎接生活和命运的挑战，做最出色的自己。

第十二章

一辈子， 三万天——不生气的幸福活法

你是不是不满足于自己所拥有的一切？你是不是怨恨命运的不公？你是不是时常忧郁、时常生气？人生苦短，如果我们每天都活在生气中，人生就没有乐趣可言了。所以，人应该控制自己的情绪，不随便因为一点事情就生气，以乐观的态度过好每一天，找到一种不生气的活法。

第一章

DI YI ZHANG

人一辈子犯的错，80%是因为生气

生气是人类最危险的情绪之一。人在生气时，犹如一只发狂的狮子，肆无忌惮地伤害着自己和他人。在愤怒情绪的支配下，人往往会打破原则，说不该说的话，做不该做的事，伤身又伤心，伤人又伤己。愤怒是人之常情，但要学会克制。善于控制愤怒的人，总是将愤怒藏在心底深处，并慢慢将其转化成一种惊人的力量。

⟀1

人生很忙，但不要忙着生气

每个人的一生中都难免有缺憾和不如意，也许我们无力改变这个事实，但我们可以改变看待这些事情的态度。泰戈尔说："如果你因为错过太阳而哭泣，那么你也将错过繁星。"同样的道理，如果你因为生活中的一些缺憾和不如意而大发雷霆，那么更多让你窝火的事情会随之而来。人来到这个世界上，要追求的事情很多，如果让生气占用太多的时间，等到垂暮之年将后悔莫及。

人的寿命不过区区几十个春秋，然而人一生要做的事情却非常多，人生就是一个忙碌的舞台。时间如流水匆匆，一分又一分，一秒又一秒，在滴答声中渐行渐远。不经意间回头张望，人生可能已经过去了一大半。在时间的长河中，人无疑是渺小的。眼睁睁看着皱纹爬上额头，岁月染白青丝，故人驾鹤远游，我们却无能为力。还被生命青睐的人们，一定要珍惜这宝贵而又短暂的人生，千万不要让生气白白占有了你的宝贵时间。

当你闷闷不乐时，也许你的竞争对手可能已经从老板那里接受了你的项目；当你火冒三丈时，也许你心爱的姑娘正从你身边经过，你却浑然不知；当你大发雷霆时，也许雨后的彩虹装点出天下奇观，你却无心欣赏。因此，生气是对人生最大的浪费。人生苦短，几十年光阴如同朝露，旦夕间便会消失。为什么要把时间浪费在生气上呢？为什么不去做有意义的事情呢？

我们可以忙着学习，忙着升职，忙着陪伴妻儿，忙着孝顺父母，但唯独不能忙着生气。因为生气的时候，会错过人生很多很多美丽的风景。在文学研究领域颇有建树的李教授用他的大半生诠释了不生气是最好的活法。

五十年前，年仅六岁的李教授跟随父母来到了新疆定居。原本就家徒四壁的他们千里迢迢从甘肃来到新疆之后更是衣衫褴褛、捉襟见肘。在好心人的帮助下，一家三口在一处废弃的茅屋里安顿下来。父母迫于生计早出晚归，李教授就成了没人管的孩子。他说着生涩的甘肃方言，浑身脏兮兮的，捡别人的旧衣服不是太大就是太小。当地还不懂事的小孩总是嘲笑他。自尊心强的李教授一生气就和嘲笑他的小孩打架，结果不仅天天受伤，还因为总是在打斗中撕破衣服而衣不蔽体。

父亲了解情况后，就告诉李教授："如果下次你再生气的时候，就回家来看看。看看我们住的破茅屋、看看屋里破旧的桌椅，看看这难吃的口粮，你是不是应该用更多的力气去种地，而不是打架。"

听了父亲的教诲以后，每当再受到其他孩子的嘲笑，李教授都会跑回家在屋子里转转，然后他就不生气了，就开始做应该做的事情。几十年过去了，李教授一直保持着这样一个习惯：他把自己要做的事情写在最显眼的地方。条件不好的时候，他就直接用树枝写在土墙上。生活慢慢变好了，他就写在便签上，贴在随时能够看到的地方。当他因为一些不如意、小摩擦而心情糟糕的时候，他就盯着这些要做的事情看，心情就会慢慢平静下来。

如今已经是大学教授的他，在从教二十多年的时间里发了数十篇学术论文，写了五本学术著作，还出版过一本摄影集、一本诗集和三本小说。当有人惊叹于李教授的旺盛精力时，他说："其实我只是没有浪费时间而已。"

的确，李教授之所以能做这么多的事情，得益于他没有在毫无意义的事情上浪费时间。当别人因为昨晚糟糕的梦而情绪烦躁时，李教授却在为未来美好的梦努力；当别人为了琐事闷闷不乐时，李教授却在书房陶醉于自己创作的小说世界……总之，当别人将时间浪费在或微不足道、或无法挽回的不如意的事情上时，李教授却在做有意义的事情。

李教授的故事告诉我们一个道理：当生气被正确运用的时候就会出乎意料地变成动力，激励我们去做很多有价值的事情。这个“正确运用”就是用生气消耗的时间去做有建设性的事情上。

我们常常感叹生活的艰辛、生存的烦恼和生命的缺憾，却不曾想到，能够活着就已经蒙受着生命的万分恩宠。倘若为一些鸡毛蒜皮的小事而久久不能释怀，当命运要收回我们“生”的特权时，我们才会发现在生命最好的光阴里，我们从来没有幸福过。生活的智慧就在于，无论发生了什么，你都要明白自己最想要的、最该珍惜的是什么。李教授在父亲的指点下，走出了迷津。他明白了，在生活困顿时，一时的解气并没有任何意义，而拿汗水换取来年的丰衣足食，才是最该做的事情。

“做该做之事”看似是一个简单的要求，却很少有人能做得到。在人生的坎坷不平面前，总有人会走上歧路。他们愤恨、抱怨、苦恼，把大好的光阴都浪费在不必要的坏情绪上。其实，少一分计较，多一份坦荡，人心就会澄亮，就能抓住生命中最重要的东西，而不会为了生活的细枝末节而无谓地痛苦。

太过计较的人就会把自己纠缠在琐事中，一遍遍地问天问地，这样只能加重痛苦。人来到这个世界是来享受快乐的，而不是自找痛苦。能够在纷繁复杂的世界生存下来已经实属不易，为什么还要给自己制造麻烦呢？宽容生活、宽容别人，其实就是对自己最大的宽容。人忙忙碌碌一辈子，不能忙着生气，而是要用乐观、宽容的心态积极寻找幸福和快乐。

2

生气时，第一个遭殃的是自己

《圣经》中说，人生有七宗罪，即贪食、贪婪、色欲、懒惰、傲慢、嫉妒、愤怒。愤怒是人类最危险的情绪之一。因为愤怒，我们常常会丧失理智，犯下不可补救的错，承受生命不可承受之重。愤怒是健康的天敌，是幸福的刽子手，是人际关系的终结者，是事业的绊脚石。睿智的人都明白：生气时，第一个遭殃的是自己。

人生中不如意之事十有八九，身边无休止的琐碎小事都可能让我们愤懑不满。在生活中，偶尔发泄一下怒火也不为过，只是凡事都有一定的限度。动不动就大动肝火之人是永远无法摆脱愤怒恶魔的奴隶。愤怒会造成无数种后果，但无一不是百害而无一利，尤其是对于人体健康的危害。

所谓"气大伤身"，生气是健康的天敌。生气会影响人正常的生活规律。有些人在生气的时候喜欢蒙头大睡，而另一些人则因为怒火彻夜无法安眠，这必然会造成精神的萎靡不振；有些人大动肝火后暴饮暴食，而另一些人却毫无食欲，这又必将造成消化功能紊乱等问题。长期发怒还会造成人体免疫力的下降，会促使支气管炎、甲状腺功能亢进、偏头疼、肠绞痛等疾病发生。另外，根据近年来我国医疗界的临床报告显示，几乎一半以上的中风、脑梗塞、脑部毛细血管破裂等老年疾病都是由愤怒引起的。由此可见，愤怒就是一个恶魔，拿着削铁如泥的刺刀肆无忌惮地掠夺人们生存的权利。生气对于生活中已经存在的烦恼无济于事，而对于我们的身体却会产生如此巨大的消极影响。那么，我们为什么还要生气呢?

生气不仅会剥夺我们的健康，还会让我们陷入无尽的不幸之中。爱生气的梅子老师用她的亲身经历向我们诠释了生气对幸福生活和融洽交际的危害。梅子老师今年三十多岁，是当地最好中学的语文老师，今年又荣升为毕业班的班主任。她有一个工程师丈夫和一双学习成绩优异的儿女。按理说，梅子老师应该是一个很幸福的女人，但是她却每天烦恼连连。她的丈夫借口工作太忙，已经连续一个星期没有回家了；一双儿女纷纷住进了姥姥家；左邻右舍看到她都下意识的躲避；教研室的老师也都不愿意主动和她说话。

新的一天开始了。阳光明媚，微风和煦，本来是一个灿烂的日子，梅子却脸色阴沉。因为家里的小狗昨天晚上在阳台上撒尿，还弄脏了窗帘。

在楼下买早餐时，梅子因为被忙碌的老板怠慢，而和老板大吵一架。当她气冲冲地走进教室时，又被体育老师的教育器械绊了一下险些摔倒，她当着体育老师的面把器材扔出了窗外，这造成了另一场口角的发生。战火平息后，她打开电脑进入校园论坛，准备一吐心中不快，却发现自己教了快三年的学生竟在贴吧中骂她。她顿时火冒三丈，准备立刻去教室把这个学生臭骂一顿，却因为动作太大被刚倒的开水烫伤。

善良的教研室主任为她拿来药水，并递给她一张纸条，上面写道：生气时，第一个遭殃的是自己。梅子老师顿时如醍醐灌顶。丈夫夜不归宿是因为她总是因为鸡毛蒜皮的事情和丈夫冷战；孩子搬进姥姥家是因为在姥姥家就不会被怒不可遏的妈妈斥责；邻居和同事对她冷漠是因为她几乎和所有熟识的人都发生过摩擦；在论坛上辱骂她的学生前两天才被她狠狠地批评了一番。原来一切烦恼都来自于自己的易怒。

故事中的梅子老师因为担任毕业班班主任倍感压力而易怒暴躁，最终造成了众叛亲离的严重后果。正如培根说的那样，“愤怒，就像地雷，碰到任何东西都一同毁灭”。幸福生活就是愤怒要毁灭的首要对象，动辄就大动肝火的人永远无法感受到生活的美好，反而会在自怨自艾中白白地葬送身边的幸福。

一个人的幸福与否决定于他的心态。当心情是万里晴空时，就能在生活的风风雨雨中始终拥有一片灿烂的阳光；相反，即使生活阳光明媚，只要你心中在下雨，也会感觉阳光刺眼。经常爱生气之人的心情总是乌云密布，使得生活在阴暗潮湿中发霉变质。所以，生气不能改变生活的任何缺点，却会让人永远无法看清生活的美丽。

对于打拼事业的人来说，也许一把失控的怒火就能瞬间烧毁千辛万苦建造起来的梦想大厦。凡成大事者，必是冷静之人，必能时刻保持心态的平和。追逐梦想是一段艰辛的旅程，途中难免会遇到挫折、嘲笑和不公平。只有冷静、理智之人，才能凭借强大的内心巧妙地化解矛盾，峰回路转般地打破僵局，收获意想不到的惊喜。那些爱钻牛角尖、头脑发热、任性狂妄的浅薄之人只能将事态搞得越来越糟。倘若你被前辈傲慢地嘲笑，不妨给他一个微笑，让他在你的良好修养下无地自容；倘若你被领导误会而遭受批评，不妨低头认错，等领导明白事实真相后会对你刮目相看；倘若你因客户的无理要求而怒火中烧，千万要克制，因为更多的人愿意与心平气和的人做生意。

怒火是人生不幸福的罪魁祸首。人生短暂易逝，有太多时光需要珍惜和把握。如果我们遇事总爱大动肝火，原本美好的生活就会化为一片荒芜。生气没有任何积极作用，只会让更多的人蒙受更多的损失，当然第一个遭殃的就是自己。倘若我们能够收起自己的怒发冲冠和火冒三丈，增加一点温文尔雅和心平气和，生命的长度和宽度都可以得到延伸。

3

生气时，你的行为 80% 都是错误的

喜怒哀乐都是人类的正常情绪，人从一出生就具备了生气的能力。那么，为什么我们一直强调要克制愤怒呢？这是因为生气时，我们大部分的行为都是错误的。生气往往是以一时的冲动为开端的，继而丧失原则，做出令自己后悔终生的事情。

盛怒之人难以对事情做出正确的判断。生气往往源自于一时的冲动。所谓“冲动是魔鬼”，人在冲动时，头脑发热、思维简单，造成一时间的自我迷失，理智不受控制。对一件事情，特别是突发事情，做出正确的判断，需要冷静理智的头脑和全面、科学分析事情的能力。而当理智不受控制时，人们根本无法冷静、无法客观，因此做出一些有违常规的事情，造成不必要的伤害。

生气之人总是固执的。人在情绪激动的时候，不会过多地考虑别人的意见。一有人提出不同意见，我们就会觉得厌烦。然而，亲朋好友的规劝

是我们不断成长必不可少的养分。如果将他们的意见拒之门外，我们的行为就会像没有园丁看守的花园一样，杂草丛生、毫无章法。生气让我们失去了提高的机会，让我们在错误的路上渐行渐远。

怒火会让人的行为偏离正确的轨道。当我们被某些不如意激怒的时候，意识其实已经不再清晰，情绪也已经变得非常糟糕。在糟糕的情绪下工作时，我们肯定不会精力充沛，也不会百分百付出。因此，怒火会引导我们的行为慢慢地偏移安全地带，走向泥泞坎坷或者悬崖峭壁。

因故意致人伤残而入狱的小林回忆自己的犯罪经过时，后悔地说："那时候我总是管不住自己的脾气，一生气起来就像发疯一样，什么都听不进去。要是那天不生气，事情也不至于这样。"

小林是一名快递员，内向腼腆。25 岁时，他在朋友的介绍下，认识了莎莎，很快两人就坠入了爱河。在他们的爱情里，小林一直很自卑。因为莎莎是个很优秀的姑娘，有许多追求者。而小林长相平平，工作也不是很理想。因此，小林对莎莎和异性朋友来往非常介意，两人总是因为这件事发生口角。

一天，小林为一位男性朋友送快递时，看到了穿着朋友衣服的莎莎。小林深受打击，认定了莎莎对感情不忠。任凭莎莎如何解释，盛怒中的小林一句也听不进去。小林越想越生气，那天晚上拿了一把尖刀，准备找朋友讨个说法。朋友刚打开门，小林就一刀捅过去。邻居听到惨叫报了警，小林被警察带走。警察告诉小林，当天莎莎在小区人工湖不慎落水，被巡逻的民警救上岸时已经冻僵。正好有朋友经过，就把莎莎带回家。莎莎不想影响小林工作，就没有告诉他。这件事情当时在湖边的小区居民都能作证，小林只要去问一下就清楚了。

小林因为一时生气，听不进女朋友的劝告，最终不顾法律袭击朋友。等他明白以后，他已经失去了爱情和友情，同时也将在监狱里浪费大好的青春。通过小林的故事，我们看到了生气有多么可怕。有时也许就是那么一点小误会，在生气的催化下就会变成终身的遗憾。如果小林能够控制怒火，多听几句女朋友的解释，或者找朋友谈谈，他也不至于失去珍贵的自由。

易怒之人往往都具有非常危险的性格缺陷。小林的悲剧归根到底是自卑造成的。自卑的人接受外界事物的能力弱，容易把所有的事情都往坏处想。遇到不如意的事情，总是喜欢抱怨，认为别人都在轻视自己。如果小林对他们的爱情有十足的自信，在看到女朋友出现在别人家时，就不会第一时间想到出轨，接下来的事情也不会发生。自卑之人容易因一些小事就陷入苦恼之中，从而做出错误的判断。

生气让我们把他人过失扩大化，从而失去珍贵的爱情；生气让我们无心去深究误会，从而失去难得的友谊；生气让我们轻易就做出决定，从而失去成功的机遇；生气让我们忘记做人的原则，从而犯下不可饶恕的罪过。人在生气的时候，思想不受控制，因此大部分行为都是错误的。

生气让我们迷失自我，让我们丧失原则，让我们名誉扫地，让我们错失生活中太多太多美好的事物。等到伤痕累累的时候，我们才发现为生气买单的人只有自己。那么，怎样才能让人生不因生气误事而遗憾呢？我们就要学会控制情绪。加强个人修养是控制情绪的第一要素。一个人如果有强大的辨别是非能力，在任何情况下都不会迷失自我。一本好书如良师益友，知识丰富的人往往看待事物更透彻、更清明。因此，多读好书、不断充实自我头脑，就能形成很强的控制情绪的能力。

生气是人最寻常的情绪之一，而这看似寻常的情绪却具有巨大的破坏能力。人在生气的时候无法做出正确判断，固执已有想法，行为频频出错，从而付出巨大的代价。时间的脚步永远沿着单行道向前行走，任何事情都不能从头再来。因生气造成的伤害无法弥补，我们必须学会克制情绪。当你生气时，请先不要发作，在心里数十个数，给理智一个和冲动竞争的机会后再开口；如果怒不可遏，那么就数到一百。然后，你会发现其实事情并没有我们想象中的那么糟糕。

4 脾气来了，健康就没了

中医认为，生气乃百病之源。经常陷入愤怒的人，身体机能会慢慢发生变化，进而出现各种病变。生气如同一个夜行的刺客，在不知不觉中就偷走了我们的健康，掠夺了我们的生命。所以，脾气来了，健康就没了。

为了证明生气会对人体产生危害，俄罗斯生态保护和安全中心的导师根纳季·切乌林带领众多科学家做了这样一个实验。切乌林认为水具有记忆力，那么用愤怒的水浇灌种子和用泉水浇灌种子，就能够量化出生气的消极作用。他每天用精选的脏话骂一杯水，然后用这些水浇灌大麦种子。而另外一个培养皿中的同样数量的种子是使用泉水浇灌的。过了种子的发芽期后，切乌林统计发芽率时发现：愤怒的人浇灌的种子发芽率只有48%，而用泉水浇过的种子发芽率是93%。

通过俄罗斯科学家的实验，我们可以清楚地了解到生气对健康的危害。国际上曾公布了一项新研究成果。研究成果显示：脾气暴躁的人不仅容易中风，也容易猝死。许多人认为生气是一种发泄方式，不满、难过和委屈等坏情绪通过大发雷霆可以得到宣泄。其实，这种看法是错误的，生气不但不能起到宣泄作用，还会让坏情绪所产生的毒素膨胀，继而在瞬间对身体造成超出其承受范围的伤害。这就是中风、猝死等疾病多发生在生气时的原因。

正是毕业生找工作的时候，研三学生林姗却觉得身体出现了许多问题。她每天总是无精打采，动不动就会心跳加速，脸色也越来越差，甚至长出了几颗红肿的痘痘。在吃饭方面，有时候无缘无故地就不想吃饭，有时候胃就像无底洞一样怎么吃都吃不饱。星期天早上，正好赶上没有面试，她决定去看医生。出门时，室友不小心将牙膏擦在了她刚洗的裙子上。她大发雷霆，决定吃几个鸡腿消消气。医生并没有给林姗开药，而是嘱咐她：坚持半个月不因任何事情发火，身体上的这些问题自然而然就消失了。之后，林姗每当想要生气的时候，都闭眼睛长吸一口气，然后怒气就烟消云散了。半个月之后，林姗整个人果然精神了许多。

其实，林姗的病根就在于生气。也许是因为毕业生压力大，林姗的脾气越来越差，动不动就火冒三丈，结果身体机能就在不知不觉中发生了病变。生气对人体的危害是全面的，大脑神经、内分泌、免疫力、五脏六腑都会因生气而遭殃。

生气伤脑、伤神。人在生气时，大量血液会涌向大脑，会使脑血管的压力增加。这时血液中含有的毒素最多，氧气最少，对脑细胞不亚于一剂“毒药”。怒火中烧的人，大脑思维往往突破常规活动，做出各种过激行为。而这些反常表现又会对大脑中枢形成恶劣刺激。另外，生气是激烈的情绪反应。心情遭遇巨大波折，将久久不能平静。这就造成失眠、多梦等睡眠问题的出现。睡眠不足的人神志恍惚、无精打采，难以维持正常的生活秩序。

生气会扰乱内分泌系统、破坏免疫系统。气愤时，人体内的各种腺体都会受到刺激。处在不稳定环境内的腺体会被迫改变激素的分泌，从而形成人体内的内分泌系统紊乱。生气后，心慌胸闷、口干舌燥，长痘痘等异常表现，都是内分泌失调造成的。另外，在生气时，大脑会命令身体制造一种由胆固醇转化而来的皮质固醇。这种物质如果在体内积累过多，就会阻碍免疫细胞的动作，让身体的抵抗力下降。

生气对内脏的破坏无可估量。生气时，大量的血液冲向大脑和面部，会使供应心脏的血液减少而造成心肌缺氧。心脏为了满足身体需要，只好加倍工作，会导致心跳更加不规律。愤怒的人体会分泌一种叫“儿茶酚胺”的物质，作用于中枢神经系统，使血糖升高，脂肪酸分解加强，血液和肝细胞内的毒素相应增加。情绪冲动时，呼吸就会急促，甚至出现过度换气的现象。肺泡不停扩张，没时间收缩，也就得不到应有的放松和休息，从而危害肺的健康。经常生气的人，肾气流通不畅，易致闭尿或尿失禁。生气会引起交感神经兴奋，并直接作用于心脏和血管上，使胃肠中的血流量减少，蠕动减慢，食欲变差，严重时还会引起胃溃疡。

微笑是怒火的克星。当我们与生活中的不如意遭遇时，记着微笑。微笑不仅能克制怒火，对身体也大有好处。每一次微笑都如同做了一次有氧运动，促进人体新陈代谢，增加各机体活力。如果心中火冒三丈，以至于微笑都不能将其浇灭的话，那就哭泣。流泪是为心情排毒，不平、悲伤和痛苦都会随着眼泪得到释放。

当然，过于悲伤也是健康的巨大威胁。其他如看书、跳舞、听歌、打球等都是消除怒火的好方法。不管采取哪种方法，只要能把怒火拒之门外，我们的健康就无忧了。

5

人不要总跟自己较劲儿

晚年的马克·吐温曾经感叹道："我的一生大多数时候在忧虑一些从未发生过的事，没有任何行为比无中生有的忧愁更愚蠢了。"生活原本是美好的，人们爱钻牛角尖的毛病却让它变得暗淡无光。很多时候，我们明明清楚地意识到另一条路上鸟语花香，却固执地非要沿着原来选定的道路走，最终将自己绕进了一个烦恼的死胡同。为什么不洒脱点呢？不要总是跟自己较劲儿。

烦恼是一把摇椅，一旦你坐上去，它就会一直摇呀摇，总也停不下来，如果你跳下摇椅，它自己就会慢慢停下来。该放下的时候，果断放下；该变通的时候，勇敢变通；该宽容的时候就放开胸怀；该糊涂的时候就睁一只眼闭一只眼。只有这样，人生才会变得轻松。

搞好婆媳关系几乎是每个家庭都要面临的问题。刚结婚半年的李怡也被婆媳关系困扰着。李怡的婆婆喜欢和邻居搓麻将，一组局就废寝忘食。结婚的前几个月，李怡立志要做个好媳妇，买菜、做饭、打扫卫生，和婆婆抢着做家务。媳妇这么勤快，婆婆也不好意思偷懒，婆媳关系还算融洽。

然而，有一天李怡下班回来不小心扭伤了脚，事情就发生了变化。虽说脚只是有些红肿，并不影响正常生活，但一向娇生惯养的李怡认为自己必须好好休息。刚开始，婆婆还天天照顾李怡。慢慢的，她就开始埋怨李怡的矫情。只要老公、儿子一上班走，她就出外打麻将，直到晚饭时间才回家做饭。

李怡认为婆婆不懂得善待自己，非常生气。婆婆中午不做饭，自己就蒙头大睡。结果一来二去，李怡的胃开始反抗了。看完医生后，她回到了自己爸妈家中，一把鼻涕一把泪地向妈妈倾诉心中的委屈。

妈妈笑着安慰她："傻孩子，你这是在跟自己较劲儿了。有些时候，婆媳之间糊涂些比做什么都有用。今天你回去，把晚饭做好等婆婆回来。我保证一星期内你有午饭吃。"

李怡听了妈妈的话，为一家人做好了晚餐。结果第二天婆婆就为李怡买回来一个高效足浴盆。李怡的妈妈无疑是智慧的。在面对女儿与婆婆之间的矛盾时，她没有力挺女儿，而是教育女儿在不如意面前要学会装糊涂、宽容、变通。据统计显示，在中国的婆媳关系中，大约百分六十有矛盾的婆媳都是因为跟自己较劲儿。

古语说："人非圣贤，孰能无过？"任何人都会因为能力不足、受外界蛊惑或者一时的冲动等不确定因素而犯下或大或小的错误，自己会，别人也会。倘若我们拿着放大镜去观察、计较自己和他人不足，我们就永远陷入苦恼中，为一些鸡毛蒜皮的小事大动肝火。如果我们能以宽容之心看待自己和他人的不足，对微不足道的错误睁一只眼、闭一只眼，我们看到的将是满满的幸福。面对缺点，智慧之人把它当成前进的阶梯，克服掉自身的不足，人生就会走向更高的境界；而愚昧之人却把它当成前进路上的拦路虎，以致丧失了信心，整天忧心忡忡。

人生的大多数愤怒都来自于固执，固执地放大生活的不如意，固执地将目光锁定别人的错误，固执地内疚后悔。钻牛角尖不是解决问题的好方法。我们越是想要控制事物，就越容易反被事物控制。其实，幸福和快乐可以很简单，只需要摆脱思维定势。对于那些不值得研究或无法解决的问题，就不要费力硬要得到一个什么结果，否则只会把自己逼上绝路。而当我们学会舍弃那些无谓的坚持，不再紧抓不放或全力抗拒时，我们才能够保持一颗理智的心，坦然地去面对一切。

人类在处理别人的问题和自身问题时存在一个很奇怪的现象。那就是“当局者迷，旁观者清”。我们往往更容易将别人的事情看得明白，然后以智者的姿态苦口婆心地劝诫。然而，当同样的事情降临到自己身上，我们就很难走出问题迷宫。因此，我们要时刻反省自己，用平静的心态找出问题的根源。这样我们就会在不断犯错和不断反省中，对事物形成更透彻的认识。当自身出现问题时，我们就不会再跟自己过不去，也不会总是责备和怨恨自己。凡事别跟自己较劲儿，永远保持对生活的美好认识和执着追求，保持一个好的心态，这样生活才会有奇迹出现。

生命太短暂，区区数十年光阴，哪经得起那么多无谓的折腾。所以，该糊涂时就要糊涂些。“糊涂”地生活其实是最透彻、最睿智的生活方式。“糊涂”的人不会斤斤计较，不会在小事上做无谓的纠缠，不会让自己陷入生气的怪圈，心中就不会有过多的负担。秉持“糊涂”的心态做人，不仅能够赢得周围人的好感，还能够为自己减少不必要的烦恼，我们何乐而不为呢？

行走在生命轨道上，我们随时都可能与不公平、不如意遭遇。如果我们因此而愤怒、抱怨或者悲伤，就正好掉进了命运之神设下的陷阱。要想把握自己的命运，那就别跟自己较劲儿。不跟自己较劲儿，是一种精神的解脱，它会促使我们从容地走自己选择的路，做自己该做的事。不跟自己较劲儿是对宝贵生命的珍惜，是通向幸福生活的坦途。愤怒时，用音乐来放纵自己；不满的时候，让书本来平复心情；委屈的时候，朋友是最好的疗伤药。总之，生气是跟自己较劲儿，是愚昧之人的选择。

6

人生不如意十之八九，看淡失意与麻烦

人总是因为失意而愤懑，因为麻烦而烦躁不安，总是纠缠于得到和失去之间，得不到半分安宁。其实，“得”有何欢？得失更替，人生才能称之为人生，不如意之事随处可见。

物质丰厚是富有，心灵宽余乃幸福。富有的人不一定幸福，幸福的人不一定富有。一生苦苦追求功名利禄，到头来即使声名远播、地位显赫，这样的人也是可怜之人。因为他的整个身心都纠缠在得失之间，烦恼、琐碎充斥于他的一生。他经常愤怒、暴躁、烦恼，错失了最淳朴的幸福。而心灵宽余之人，总能看淡人生得失，清空心房迎接幸福。人心犹如一个器皿，而幸福是清澈的泉水。当烦恼、愤怒、失意等各种情绪沉渣填满水杯时，幸福之泉就没有容身空间。所以，清除欲望之尘，心宽了，才能感觉幸福。

刘阿姨因为太在意得失，差点失去了宝贵的生命。65 岁的刘阿姨为人大方热情，退休后在家无事，就在儿女的鼓动下参加了小区的老年广场舞队。从此，刘阿姨深深地爱上了广场舞，将全部心血都倾注在广场舞队上。只有舞队有任何活动，刘阿姨都全力支持。随着跳广场舞的人越来越多，广场舞队需要有专门的负责人来管理比赛、购置服装道具等日常事务。刘阿姨认为自己一定会被推举出来担任队长一职。首先，自己对广场舞队的事情最为热心，现在大家用的新音响还是她出钱让儿子购买的。另

外，她在跳舞上非常有天赋，一学就会，经常指导他人。刘阿姨对队长这个职务也非常憧憬。她积极地报名、宣传、写申请，甚至还到舞伴家里去游说，像着了魔一样。

公开投票那天，刘阿姨盛装出席，满怀着期待地等着结果。可是，当票数统计出来后，刘阿姨落选了，以整整十票之差落选给从来没被她列入考虑范围的男舞伴。刘阿姨原本的满面春光消失得无影无踪，顿时火冒三丈。她认为队友们不能忽视她多年来对广场舞队的付出，决定站出来和大家理论一番。可是，她刚说出“我很生气”四个字时，就不省人事了。幸亏被紧急送往高新区人民医院抢救，刘阿姨才脱离了生命危险。经医院诊断，刘阿姨突然晕倒是情绪过分激动引发脑溢血所致。

刘阿姨这次与死神的近距离接触，完全是得失心太重造成的。当她觉得自己的付出没有得到应有的回报时，就怒不可遏。而巨大的情绪波动，造成了严重的气血上涌，脑部毛细血管难以承受压力发生破裂。倘若刘阿姨能够意识到人生不会事事顺心，坦然接受投票结果，就不会遭遇这无妄之灾。

人这一辈子，说来容易，做起来很难。并不是每一片土地都生长希望，并不是每一次努力都能成功。有些东西明明唾手可得，你并不一定能得到。有些道路明明很平坦，你并不一定能走到尽头。

生活中总有一些事，让我们不满意，生命中总有一些人，让我们不顺心，人生中总有一些挫折，让我们情绪低落。人生就是这样，像一场输赢交织的赌局，我们不可能每次都是赢家。只有知足才能快乐，只有看淡才能幸福。不必刻意寻找，不用孜孜追求，坦然接受生活给予我们的一切，就不枉此生。

对失意和烦恼过分在意的人，总是背负太多。思想一旦复杂起来，就容易置身于琐碎之中。这样的人一生追求太多，本以为已经将幸福、快乐这些再简单不过的感受收入囊中，到最后却发现他取悦了整个世界，却唯独没有取悦自己。这是因为他的一生都活在他人的价值标准中，看重他人眼中的优劣得失，而忽略了内心的真实感受。

生命中，总有些事情，我们无能为力；总有些行为，我们不敢苟同；总有些东西，让我们望尘莫及；总有些人，让我们啜泣厌烦。在与生命的不如意遭遇时，切忌愤怒、抱怨。既然我们没有幸运地成为生命的宠儿，为什么还要让怒火剥夺我们快乐和幸福的权利呢？走出不如意最好的方法就是无视它，一如既往地过自己的生活。当阳光冲破乌云普照人生时，我们会发现其实什么也不做就已经做了很多。

生命是一个漫长的过程，每一寸时光都要亲自经历，每一杯苦涩都要亲自品尝，每一道沟坎都要亲自跨越。一辈子无论走多远，环境可以乱，心灵不能乱。人生的风景说到最后是心灵的风景。如果我们能把生活中的烦恼、委屈、不公平等影响视觉的东西看淡，它们就真的会退出我们的势力范围。

幸福不是什么神秘莫测的事物，就在我们的左右。只是世界上太多的人被生活中的烦恼琐碎纠缠，无暇发现身边的快乐。其实，幸福的人生，就是一颗平静的心，一个平和的心态，一种平淡的活法，滋养出来的从容和恬淡。任何人的生活都不会是一帆风顺，看淡失意和烦恼，人生就会天高地阔，生活就会鸟语花香。

7

改变自己，从“不生气”开始

生气是幸福人生的头号天敌。总是烦恼不安的人，难以发现生活的美好。即使走在大片大片的薰衣草中，看到的也只是太过浓重的紫色。所以，易怒之人永远都不会快乐。常常出现巨大情绪波动的人，免疫力系统和内分泌系统都会遭到破坏，大脑和内脏也会发生病变。所以，易怒之人永远不会容光焕发。

人际关系需要小心维持，成功的事业需要努力奋斗。而怒火会将几年的辛苦经营都毁于一旦。人与人的关系是平等的，朋友之间需要相互理解和支持。如果一个人总是和朋友发生摩擦，久而久之朋友就会丧失维护友谊的热情。开拓事业如履薄冰，每一步都需要小心翼翼。如果一个人总是喜怒无常，那么上司和合作伙伴就会对其失去信心。所以，易怒之人没有朋友，难成大事。

每个人渴望变得优秀，而易怒让优秀变得可望而不可即。那么，要想改变自己，摆脱平庸的生活，就必须从“不生气”开始。雷子最近喜欢上了新来的女同事小影。为了收获爱情，他决定彻头彻尾地改变自己。雷子自身条件并不差：一米七五的个头，也算玉树临风；名牌大学毕业，在公司也算凤毛麟角；到公司第一年就做成了两项大项目，深受老板赞赏；但有一个毛病，就是脾气不好。雷子认为这个缺点在他身上无伤大雅，就从来没有注意过。

雷子有很多遗憾，比如与同事的关系冷淡，久久不能升职，身体差。为了让自己更有资格拥有爱情，雷子开始频繁要求同事参加各种自己掏腰包的聚会活动，更加拼命地加班、拉客户、做项目，并且一有时间就去健身房健身。但是，半年过去了，雷子的努力似乎并没有起到任何作用。同事对他仍旧冷冷淡淡，老板也没有让他升职的意思，而他的头疼、胃炎都没有减轻的趋势。

雷子对此非常苦恼。在与小影约会时，还停留在失落中的他并没有控制好脾气，冲着小影大吼起来。小影是一个性格温和、善解人意的女孩。她在雷子情绪稳定后说：“你生活中的不如意，都源自你的坏脾气。如果不改变易怒的习惯，你所做的一切都是本末倒置。”

小影的话为雷子指点了迷津。雷子开始重视自己爱生气的缺点，并试着克制坏情绪。又过了半年，雷子升职了，也追到了心爱的姑娘。因为，他这半年的积累没有再被怒火毁灭。这就告诉我们，改变自己，必须从“不生气”开始。因为，人生大部分的不幸福都是因为生气。

回避是抑制怒火最有效的方法。所谓“眼不见心不烦”，当遇到不如意的事情时，立刻离开现场，将烦恼留在威胁不到你的地方。例如，朋友的误解让你非常生气，不要立刻发作，而是迅速离开你们谈话的场合，避免怒火破坏你们来之不易的友情。朋友总有一天会明白真相，会向你致歉。如果你当场发作，你们的友谊很可能就会走到尽头。再如，老板无理的责骂让你怒火中烧，以假装接到客户重要电话为借口逃离他的办公室，第二天老板可能就会忘掉昨天批评你的内容。如果你针锋相对，多年来的努力在老板那里都会一笔勾销。总之，任何时候，都不要给自己怒火发作的机会。

当然，很多时候怒火不会自然而然的消失。如果当你逃离“生气现场”，却依然怒不可遏，那就试着转移一下。通常情况下，进行娱乐活动是最佳的消气方法。听听音乐，在优美的旋律和曼妙的歌喉中，什么委屈不满，什么烦恼忧愁，都会变得微不足道。看书也是平抚情绪的有效方法。在情绪波动的情况下，我们很难安安静静地看书。那就强迫自己进入书的世界，可以大声诵读，也可以抄写，慢慢我们就会被书中的世界融化，忘掉现实的苦恼。

愤怒、不满、委屈等导致我们怒不可遏的情绪都是心灵的毒素，需要适时的宣泄。在空旷的原野上、无际的大海边和人迹罕至的山顶，大声地喊出心中的郁闷是最有效的宣泄方式。让原野的风、大海的浪、山顶的云带走我们的包袱吧，剩下的是轻装上阵的我们。向朋友倾诉也是消气的好方法。知心朋友总能看穿我们的内心，用一些我们能产生共鸣的话来进行劝解。

改变坏脾气最釜底抽薪的方法就是提高个人修养。如果一个人时刻都能保持平静、纯洁的心灵，生活的任何不如意都不能激起他心湖的一丝涟漪。提高个人修养是一个漫长的过程。多读书、多经历、多思考、多反省之人才能达到不生气的最高境界。

每个人最初从命运那里得到的东西都是一样的。有些人一直在失去，有些人一直在得到，最终出现了贫富之分。贫穷的心灵被怒火占据，而富裕的心灵则到处是快乐与幸福。一个人要想改变自己，摆脱不幸的命运，那就要从“不生气”开始。“不生气”是改变自己的第一步骤。佛语说：“相由心生”。生活如何取决于心态如何，人只有拥有平和宁静的心灵，眼中的生活才会晴空万里。生气是最寻常的情绪之一，存在于生活的各个角落。怎样做到不生气，可以说是对每个人的考验。

第二章

DI ER ZHANG

生气是拿别人的错误来惩罚自己

生气就像一枚极具破坏性的炸弹，一旦爆炸，不仅让你变得烦躁，使你的心胸变得越来越狭窄，而且还会严重摧残你的身心健康，加速你的衰老。学着不生气、少生气，是一种成熟，也是一种智慧。

1

生气，会让你整个人都黯淡无光

哲学家说："凡是存在的，都是合理的。"人生也不例外，不论是快乐、幸福，还是烦恼、委屈，都有其存在的理由，我们无从选择。然而，我们的心灵不能因为快乐、幸福就得意忘形，也不能因为烦恼、委屈就黯淡无光。用心去感受生活，用包容、豁达的心情去体验生活，多一分淡然，就能少一分烦恼。

在日常生活中，每个人都会遇到各种让人窝火的事情，比如陌生人的恶语相向、无意间弄丢了钱包、调皮的孩子屡屡犯错。普通人在遇到这些事情时都会大动肝火，然而，因别人的错误而气闷是拿别人的缺点惩罚自己，因自己的失误而懊恼是和自己较劲儿。聪明的人总能换个角度思考问题。原谅无礼之人，你的内在修养得到了应有的提高；记住丢钱包的教训，你可以保护好更珍贵的东西；孩子天真的错误又何尝不是幸福生活的一部分。所以，动不动就怒发冲冠的普通人，似乎总有解决不完的问题。他们的天空似乎总被纠缠不清的烦恼所遮盖，感受不到灿烂的阳光。而聪明之人总能发现人生的美好所在，总能在幸福生活中神采奕奕。

杨蕊一直都是这样一个鲜亮体面的聪明人。但是，最近同事们都挺担心她的。因为前不久，她的丈夫向她提出了离婚。杨蕊的丈夫是大学老师，为人幽默风趣，又是一副年轻人的心态，因此和许多学生关系都非常密切。二十来岁的大学生正是天真烂漫的季节，痴迷杨蕊丈夫的女孩不在少数。杨蕊的丈夫对一个女学生产生了好感，并一时冲动发生了关系。后来，这个女孩怀孕了。杨蕊的丈夫选择对女孩负责，向杨蕊提出了离婚。

对于丈夫的不忠，女人有权利生气、有权利责备。但是，杨蕊却平静地接受了这一切。忙完手头的项目，她就和丈夫去了民政局。离婚似乎对她没有产生任何影响，她依旧每天精力充沛的工作，有时候还会突然换个妆容、发型什么的，让大家惊艳一把。

有关系好的同事，试探着问杨蕊："你似乎永远都不会生气?"

杨蕊会意地笑笑："你是在奇怪我为什么没有对我前夫大发雷霆。事情都已经发生了，生气也没用，反而会影响我的好心情。"

杨蕊没有让离婚这件让人沮丧的事情影响自己的心情，离婚后的她依旧快乐幸福。她是一个非常睿智的女人，在生活的不如意面前成功地保护了自己。如果她和普通的女人一样，到丈夫单位大吵大闹，对女学生拳脚相加，顾影自怜，那么，她的生活将被疯狂、委屈和泪水充斥。最终，即使丈夫向压力屈服不再离婚，他们的感情也已走到了尽头。

自救是改变不幸人生的唯一方法。人生不会因为你烧起熊熊怒火，就会向你屈服而顺着你的期望演绎。它像一个固执的孩子，你越是对它不满，它就越要和你对着干。所以，面对人生的不幸，我们所要做的就是心平气和地接受它，然后忽略它。只有这样，原本幸福的生活才不会受到影响，原本神采奕奕的你才不会被烦恼折磨得狼狈不堪。

美国著名的心理学家威廉·詹姆斯说："人能因为改变心态，从而改变自己的一生。"人生的成功或失败、幸福或坎坷、快乐或悲伤，有相当一部分是由人自己的心态造成的。最致命的创伤来自心灵深处，我们死抱着烦恼不放，就会越来越痛苦。生气是威胁幸福生活的坏情绪。当我们时常陷入愤怒的情绪中时，我们的生活就会被无休止的烦恼包围。不是生活本身的问题，而是我们的坏情绪放大了生活的瑕疵。正如心情好的时候，我们更容易闻到玉兰的香味；生气的时候，再美的风景也都碍眼。

无论你是从事哪种职业，无论你是在较高层次的平台上演绎人生，还是在一般层次上努力求索，只要能够保持一颗宽容、宁静的心，生活就会神采飞扬。谁能说每天起早贪黑与钢筋水泥为伴的建筑工人就不幸福，谁又能说身价上亿的跨国集团老总就很快乐？幸福与快乐是我们心中的生活，与现实无关。如果心中满足，流血流汗的建筑工人也能春风得意；如果心中堆满杂质，锦衣玉食的富翁也会垂头丧气。这正是：如果心有莲花，生活处处都是荷塘月色。

天地之间，人是极为渺小的，人的力量也是微乎其弱的，一个人对已经发生的事情大动肝火是毫无意义的。所以，凡事全力以赴，而后安然接受其应有的结果，才是一个渴望幸福的人应该追求的豁达人生。世上不如意之事十有八九，生活原本就充满失意和挫折，关键在于人对待生活的态度。如果你宠辱不惊，随缘而动，生活的失意和挫折便是磨难历练，凤凰涅槃之后别有洞天；如果你瞻前顾后，患得患失，生活的失意和挫折就会被扩大。所以，聪明之人的生活似乎总是顺风顺水，愚昧之人的生活总是曲折坎坷。

人生在世，始终一帆风顺可以说是天方夜谭，有顺风也有坎坷，有平坦也有荆棘。如何让我们的生活不那么艰辛呢？那就需要我们时刻保持良好的心态。我们每天面对太多让我们想破口大骂的事情，但是聪明的你一定要克制怒火。正如污水坑染脏了你的长裙，如果你愤怒地踹它几脚，它就会还给你更多的污点。所以，怒火只能让原本不如意的你更加黯淡无光；乐观、宽容等积极心态才能让你时刻感受到幸福。

2

拿别人的错来惩罚自己，你得有多傻

日常生活中，我们总要和各种各样的人接触，遇到各种各样让我们觉得难以忍受的事情。我们为此怒发冲冠或者闷闷不乐，心情瞬间跌落谷底。但是，这有什么用？事情已经发生，犯错之人也无法从你的愤怒中得到任何有益的启发。德国古典哲学家康德说：“发怒，是用别人的错误来惩罚自己。”每个人都要对自己的行为负责，犯错就要接受惩罚。但是，生气并不是惩罚犯错之人的一种手段，反而是和自己过不去。

通常情况下，生气的发生不外乎两种，要么怒发冲冠、暴跳如雷；要么闷闷不乐、自我折磨。不管是哪一种方式，最终伤害最深的都是自己。怒发冲冠之人的怒火就像火山爆发，喷出的岩浆四处溅射，伤害对方的感情，也吓倒旁人。而闷闷不乐之人的怒火就像烧开水一样，水在水壶中翻滚沸腾，却始终无法突破壶盖，最终压抑了自己。然而，你付出如此多的代价却未必能换来犯错人的醒悟。

对于普通人来说，大部分情况下是意识不到自己的错误的。如果你当面斥责他的错误，或者对他甩脸色，会让他觉得你冒犯了他。对你产生不满后，他不但不会静下心来反省自己的过错，反而会数落你的无理。这样的行为会让你更加气愤。你们的关系将陷入一个不断循环的怪圈。如果犯错之人当时就意识到自己的过错，而你却抓着他的错误不放。他会认为你多事、小气、不可理喻。所以，为别人的错误而生气，只会让你更加烦恼。

生活中，我们总是会碰到这样的人，总是无礼地伤害别人，自己却浑然不知。刘璐最近就陷入了这样的烦恼中。不久前，刘璐家对门搬来了一对搞音乐的小夫妻。一开始，刘璐还对他们颇有好感。因为他们性格张扬，对谁都非常热情。可是渐渐的，烦恼就不请而至。小夫妻的家中总是传出各种声音，狂躁的架子鼓、粗犷的歌喉等都让不懂音乐的刘璐难以忍受。更令人苦恼的是，在午休时间，或者睡梦正酣的午夜，突然就会出现高亢的音乐划破平静。每当出现这样的事情时，刘璐都非常生气。但是她的修养又不允许她去冲别人大吵大闹，于是她总是自己生闷气。有一天，她再次被迫从睡梦中惊醒后，由于太过愤怒将放在床边的笔记本电脑推到了地下。还有一次，她踢爆了水瓶，烫伤了脚。

终于，刘璐忍无可忍了，她决定去提醒一下邻居。敲了好长时间的门，女主人才走了出来。当刘璐说明来意后，女主人无礼地转身回屋，还不忘埋怨句：“都不能让我们好好工作。”

邻居这样的表现让刘璐火冒三丈，她决定立即去找房东退租。房东是一位很有智慧的老人，她带着刘璐在此敲响了小夫妻的房门说："我们的房子住户可以随意装修，我知道一种隔音效果很好的材料，需不需要我推荐一下。"

不久，刘璐和邻居们都可以睡一个安稳觉了。其实，遇到类似的事情，我们总是和刘璐一样，选择生闷气，或者当面斥责。结果，这样的做法不但不能解决我们的烦恼，反而会增添新的烦恼。房东肯定也被不分昼夜的音乐打扰，但是她所做的却是找出根源，有的放矢。所有人都不喜欢被指责，但是没有人会拒绝善意的帮助。所以，在别人冒犯我们时，生气是最愚蠢的做法。尽量避开雷电，旁敲侧击才是明智之选。

很多时候，一些事情，一些人，只是自己在乎才闷闷不乐，而别人早已经抛到脑后。一件事情本来是别人的错，我们却为此辗转反侧难以入睡，为此茶饭不思憔悴不堪，为此耿耿于怀闷闷不乐。而做错事情的那个罪魁祸首，却没把错误当做一回事，照样吃喝玩乐。她的人生依然美好，而我们的生活却变的黯淡无光。回过头来想想，犯错的其实是自己，不该错误地拿别人的过失惩罚自己。

还有很多时候，我们总是爱用自己的标准来衡量他人。别人事事让我们满意，我们就会对其另眼相加；而别人没有达到自己的标准，我们就闷闷不乐。然而，每个人心中的衡量标准都不尽相同，没有人会永远按着我们的衡量标准生活。所谓"一千个读者，会有一千个哈姆莱特"。每个人有着自己的思想，有着自己的考虑内容，有着自己看待事情的角度。大多数情况下，我们的生气起因于对事情的不同看法。一件事情，你认为是错的，为此万分烦恼，而做这件事情的人不一定这样认为。最后被这件事情干扰的人只有你自己。

所以，当和别人意见分歧时，你单方面的生气是霸道无理的表现。这样的事情发生后，我们要做的首先是反省自身：拷问自己的衡量标准是否正确，这件事是否还有更好的解决方法。总之，立刻火冒三丈是最不明智的做法，不仅于事无补，还有可能让你和别人的关系更加糟糕。

生活中，我们常常会对别人的做法不以为然，也常常会被别人激怒。

这个时候切忌发怒。因为，生气最终惩罚的只会是自己。人非圣贤，任何人都会犯错。当别人的行为冒犯到你时，用一颗宽容的心原谅他。在你原谅他的同时，自己也得到了宽恕。事情既然已经发生，生气没有任何意义。还不如坦然接受，让他人和自己都轻松一点。

⊿3
烦恼都是自找的

世上之人，没有可以摆脱七情六欲和喜怒哀乐的。因此，烦恼是最正常不过的一种情绪，每个人都曾有过烦恼或正在经历烦恼。但是，由于每个人对待烦恼的态度不同，所以烦恼对人的影响也不同。事实上，经常陷入烦恼，被折磨得不堪重负的人都乐于自寻烦恼之人。生活中，我们可以寻找甜蜜的爱情，可以寻找美好的生活，但绝不可以自寻烦恼。

生活的烦恼无处不在，关键看自己怎样对待。心境澄明的人一般很少被烦恼纠缠。不是因为他们的生活中没有不如意，而是他们不会因不必要的事烦恼，也可以淡化已经遇到的烦恼。所以，他们活得轻松潇洒，似乎永远不会失意。而多愁善感的人总喜欢自寻烦恼，主观地把烦恼放大，纠缠在烦恼中久久不肯逃离。这些人一旦遇到烦恼，就会忧愁万千，牵肠挂肚，离不开，扔不掉，活得辛苦、委屈。其实，人生的烦恼本来就不是烦恼，之所以有很多人愁肠百转，都是因为想不开。

敏敏是一家开发公司的售楼小姐，人长得漂亮，气质又好。在一次促销活动中，她结识了事业有成的孙坚。在接触一段时间后，两人走到了一起。然而，敏敏对他们的爱情没有任何信心。虽然她很爱孙坚，但是两人的差距总让她忧心忡忡。孙坚是家庭条件十分优越，又是名牌大学毕业生，如今开了一家业绩不错的小公司，而敏敏在农民家庭长大，连高职都没有读完。

她总是担心孙坚的家人无法接受她，担心不同的生长环境已经给他们的婚姻埋下了隐患，担心孙坚经不起追求者的投怀送抱，最终抛弃自己。她每天都愁肠百转、自怨自艾。甜蜜的恋情对她来说已经成了一种折磨。

当敏敏把这些担忧告诉妈妈时，妈妈却说："这些担忧都是没有意义的，为自己徒增烦恼罢了。你和孙坚的差距已经存在，婚姻的不幸还不一定会出现。你现在纠缠于这些有什么用？趁爱着的人还在身边，好好地爱他。即使最后你们没能组成一个家庭，那你也曾经幸福快乐过，不是吗？"

很多时候，我们和敏敏一样，为了已经发生的和还未发生的事情担忧。这些其实没有任何意义。时光匆匆而过，往事如烟雾消散，昨天的好坏美丑都成为事实。人生之路并非坦途，曲折坎坷在所难免，未来的苦乐得失总是无法琢磨。当我们纠结于已失去和未得到时，生活当下的美好就会从指缝溜走。所以，过往和未来都是虚幻，只有当下才是实实在在地掌握在我们手中。活在现时，全身心地投入人生，不逃避，不止步，积极拼搏，义无反顾。如此，人生道路上才会风光旖旎。

正如敏敏妈妈说的那样，还爱着的人请深爱，幸福的人请珍惜，拼搏的人请努力，活着的人就快乐地活着。烦恼就像天空上的一片乌云，如果你的心中是一片晴空，那么烦恼不会对你有丝毫的影响。一旦烦恼降临，不要大惊小怪，就会处之泰然，就能积极对待，并努力从中悟出点道理，取得点收获。那么，烦恼就不再是烦恼，而是生活给予我们的磨砺和锻炼。只要冲出烦恼的关口，思维会逐渐趋于深沉、缜密、成熟，经历了各种烦恼的体会，就能使自己不断悟彻、体味到人生的真谛。

普通人总是消极悲观，把眼光只停留在事情的消极面上，这就必定造成烦恼的来袭。牢牢记住你有多少次受到不公正的待遇，或者记着有多少次别人对你说话的态度不友善，或者认为别人对你的不满都是你自身的问题，那么你就成了一个烦恼制造机。比如，一个人总是觉得老板对自己态度恶劣，那么每当和老板交谈时，他就下意识的紧张、愤懑。即使有时候老板很和颜悦色地跟他说话，他也会认为这是笑里藏刀。心理暗示具有很大的威力，它能颠覆是非黑白。切记不要陷入心理暗示的怪圈。

时间是烦恼的克星。对于生活中一些不可避免的烦恼，如果我们置之不理。它终有一天会被时间冲散。但是，如果我们把烦恼时不时地翻出来晒晒，那么它的危害将是持续的，并不断加重的。女孩总是会为自己某些长相上的小缺陷而烦恼。比如一个痘印，如果我们认为它是皮肤的瑕疵，总是纠结于如何消除它，一个小小的痘印会给我们带来无尽的烦恼。如果我们能坦然接受它，做力所能及的事情去改善它，总有一天它会随着皮肤的新陈代谢淡化。

任何事情都会有结果。在这个过程中，我们高兴也好，烦恼也好，都不能改变事情的发展规律，最终我们都将面临一个结果。既然在人生面前，我们如此无能为力，那么为什么要为自己徒增烦恼呢？还不如尽人事听天命，做自己该做的事情，就坦然接受其应有的结果吧。

每个人都有烦恼。没有烦恼，就表明对外界没有了反应。弱者因烦恼而放弃了主动，身处美好之中，却失去美好的心情。强者因烦恼而学会了生存，掌握了冷眼看世界，笑里定乾坤的本领。如果我们都能以强者的心态把烦恼当成一种历练，烦恼就不再那么面目可憎，而成了成功路上的必不可少的垫脚石。生活中，我们不能因为瞻前顾后而自寻烦恼，也不能因为内心软弱，而让已经遇到的烦恼肆意膨胀。活在当下，把握现实的分分秒秒，烦恼将无处藏身。

4

远离羡慕嫉妒恨，快不快乐自己说了算

生活中，我们总爱和别人比较，比较谁更漂亮、更幸福、更成功。正所谓“天外有天，人外有人”。比我们漂亮、成功、幸福的人随处可见。

于是，我们羡慕、嫉妒，甚至仇恨。这些来自负面情绪蒙蔽了我们的心智，让我们盲目地陷入生气和愤怒之中，变成暴躁的奴隶，严重违背了我们追寻快乐人生的初衷。放下攀比之心，才能重拾快乐。

经常陷入攀比泥潭的人，往往活在别人的价值中。凡是别人有的，他都认为是好的；凡是自己有的，而别人没有的，他都不会去珍惜。这种盲目的攀比之心总能让我们发现生活的缺陷，永远过得不幸福。其实，不属于自己的东西，总有不属于自己的理由。也许是因为那些东西不适合我们，也许是我们的努力还不足以让我们有资格拥有这些东西。羡慕嫉妒恨不会让我们拥有这些东西，反而会让我们离这些东西越来越远。我们要学会在第一时间消除盲目攀比，将嫉妒和愤怒扼杀在萌芽状态。

爱美之心，人皆有之，特别是女人。对于漂亮的衣服和首饰，没有哪个女人会不动心的。正是由于这种强烈的爱美欲望，让女人的衣柜里总是少一件衣服。适当地追求衣物的光鲜，可以让一个女人充满魅力。但是，凡事都有个度。对衣服首饰的追求过于强烈，就会制造出无尽的烦恼。在杂志社上班的杨曦就陷入了这样的泥潭中。

杨曦工作的杂志社是一家出版时尚刊物的杂志社。而杨曦负责的工作是帮模特租借国际名牌服饰。整天与穿金戴银的模特和奢华无比的国际名牌接触，让杨曦原本平静的心态发生了变化。杨曦总是想，那些自己每天服务的模特姿色也并不是多出众，大部分都没有自己长得好看，为什么她们就能每天穿着大牌盛气凌人呢？那些自己借来的国际名牌，最终又会被哪些人买走呢？慢慢的，杨曦的虚荣心开始膨胀，开始追求所谓的奢华。她不允许同事吃穿用度超过自己，哪怕花光身上所有的钱也要比别人光鲜。有时半个月只吃方便面，就是为了省钱买一双普拉达新款。为了满足自己对高档商品的渴望，杨曦甚至给一家公司老总当小三。

最后，杨曦的衣柜、鞋柜和首饰匣装满了，心却空了。公司老总只不过把她当成一个漂亮、听话的玩物，谈不上任何感情。看着同事们都幸福地步入婚姻的殿堂，珠光宝气的杨曦只能苦涩地笑笑。

任何人都有追求美好的权利。但是如果将这种追求变成攀比，那么痛苦就不远了。杨曦的悲剧就是从追求美好开始的。一开始，她只是羡慕模特的奢华生活；慢慢的，她开始嫉妒，开始不平衡，开始寻求安慰。羡慕和嫉妒只有一线之隔，羡慕或许还带有淡然的祝福意味，而嫉妒则带有浓重的破坏嫌疑。嫉妒心理为杨曦带来了无尽的烦恼。一旦发现别人有而自己没有的东西，她就绞尽脑汁的要得到。当自己的能力实在无法做到时，她就只能生气、痛苦。为了摆脱这种痛苦，她出卖了自己的爱情，结果却陷入更大的不幸之中。

羡慕嫉妒恨往往是从心理失衡开始的。为了平衡心灵的天平，我们要付出快乐与幸福。羡慕嫉妒恨犹如杀人的软刀、心灵的毒药，很多人都会因羡慕的蒙蔽，产生嫉妒和仇恨的怒火，从而丧失理智和判断，做出追悔莫及的事情。羡慕嫉妒恨其实是对自己的惩罚。因为产生这种情绪的人，人们就会对自己生气，气自己力量不够强大、气自己没办法改变、气嫉妒对象的优越、生气命运的不公……最后在生气中走向灭亡。

人都有欲望，贫穷的人想变得富有，卑微的人想要变得崇高，默默无闻的人想要声名远播，没有受过赞誉的人想得到荣誉，这是无可非议的。但是欲望和个人能力之间必须成和谐的正比例。如果个人能力不足以满足其内心的欲望时，这个人的心理就会不平衡，就会羡慕那些拥有自己想要东西的人。当他发现那些人或许并不如自己时，嫉妒就随之产生了。倘若嫉妒不断膨胀，就变成了仇恨的怒火。所以，欲望与能力的不协调是羡慕嫉妒恨产生的根源。克制欲望，或提高能力都是驱逐嫉妒怒火的有效方式。

生活原本很美好，可是不知足的心却在时刻挑剔生活的不足。欲望与能力之间的不协调让我们时时在意生活中的不幸，却无能为力。英国哲学家培根曾说：“嫉妒这恶魔总是在暗暗地、悄悄地毁掉人间的好东西。”莎士比亚说："您要留心嫉妒啊，那是一个绿眼的妖魔！谁做了它的牺牲品，谁就要受它的玩弄。"羡慕嫉妒恨毁灭了生活中的美好，让我们陷入痛苦的深渊。

当我们羡慕别人拥有的东西时，不要空想，也不要自怨自艾，努力提高自身，取得拥有这些东西的资格。如果我们的能力确实不够，那就用淡然和豁达装点生命，用幸福和从容填充生命。幸福不是我们拥有多少，而是心灵的感受。如果心中知足，粗茶淡饭也是福；如果心生贪婪，锦衣玉食也难以未来快乐。远离羡慕嫉妒恨，生活就会多姿多彩。摆脱攀比之心、忽略别人的看法，快不快乐只有自己说了算。

5

与人争辩，你永远不会真赢

人生的舞台上，随时随地都有无数的演员在上演着错综复杂的利害关系。因此，矛盾、摩擦、冲突、争斗在所难免。总有太多的人在遇到不满时，喜欢脸红脖子粗地进行各种形式的争辩。他们互相质疑、指责、抱怨、揭短、挖苦、谩骂等，让生活变成一场丑剧。即使你能言善辩，能逞一时的口舌之快。殊不知，在言语上胜过别人，给别人带来难堪同时，也埋下了隐患。与你争辩之人可能口头上服气，可是心里未必不服气，从而对自己产生怨恨情绪。所以，与人争辩，你永远不会真赢。

俗话说，"树争一张皮，人争一口气"。然而，围绕着"争"衍生了多少是是非非。为了争长短、争对错，我们生气、愤怒，情绪一再恶化。当我们气得晕头转向的时候，却往往找不到自己到底在"争"什么。其实，"人争一口气"的这个"气"不是志气，而是生气。生活中纷纷扰扰都是人们心灵在作祟。争强好胜的性格最终导致的只能是全面的失败。

与人争辩，肯定不是件快乐的事情。喜欢与人争辩之人，往往是心胸狭隘之人。别人对他的意见稍稍有些不赞同，他就会立即剑拔弩张。在争辩的过程中，人的情绪无疑是愤怒的、郁闷的。如果别人一直不服气，辩论之人的情绪就会一直恶化；如果别人把他比下去，他又会闷闷不乐。所以，与人争辩，不管最后结果如何，在心情上你已经输了。

与人争辩，会让人像一个滑稽的小丑。倘若争辩的结果是你败下阵来，当然你就输了，只能在别人的嘲讽中，面红耳赤；即使是对方举手示弱，其实你还是输了。任何人都不愿意被迫承认错误。你指出对方的错误，并以争辩的形式逼迫他承认自己的错误，会让他自尊心受到伤害，因而自惭形秽、无地自容。在他心中对你的怨恨情绪已经慢慢膨胀，他不但不会帮助你实现目标，而且很有可能为你实现目标设置障碍。另外，如果对方的示弱是因为不愿和你喋喋不休地纠缠下去。那么，在你为胜利沾沾自喜的时候，他们却在嘲笑你的滑稽和愚昧。所以，与人争辩，你永远都只在失去。

对于辩论的围观人来说，没有人喜欢言辞激励、情绪暴躁的人。即使你在争论中取得了胜利，他们也会选择同情辩输的人。因为在他们看来，辩输的人刚刚被迫经历了一场无礼的狂风暴雨。如果你常常陷入与别人的争论中，周围人对你的好感就会一点点减弱。最终，你可能会因为辩论而致使人际关系恶化。

人事部的宋经理是一位非常睿智的女人。她总能避免争辩，而让下属改正错误。最近公司要招聘一大批新员工，需要人事部给出一个具体的策划案。负责统计和订正公司岗位数量和各岗位员工数量的小王迟迟没有上交数据。宋经理催了一次又一次，他才把报表上交。可是这份报表做得非常粗糙，宋经理匆匆看了几眼就找出了基础错误。而这时离策划方案上交已经不足一周时间。小王的这种对工作不负责的态度将严重影响公司的正常运行。宋经理决定将小王叫到办公室，狠狠地批评一番。

小王似乎已经做好充分的应对准备，没等宋经理开口，他就抢先说：“这些数据太过繁杂，我已经尽力了。”

听完小王的话后，宋经理非常生气。她决定将以前的优秀报表都拿出来，好好羞辱小王一番。但是转念一想，这样做起不了任何作用。于是，她长出一口气，平静地说：“我不是找你谈工作，而是随便聊聊。你马上就要结婚了吧？房子买好了吗？需要我帮忙吗？”

宋经理提到房子，小王幡然醒悟，对工作如此马马虎虎，怎么能升职加薪？于是，小王一改原来傲慢的神情，有些不好意思地说：“如果可以，我想再核对一下数据。”

试想，倘若宋经理与刚开始傲慢的小王进行激烈的争辩，最终的结果很可能是小王在她的权威下屈服，随便修改一下报表，草草了事。对于需要精确数据的宋经理来说，这显然不是她所希望的结局。好在她能及时认识到争辩除了让事态变得更糟之外，并无任何好处。因此，她改变了路线，迂回地让小王意识到自己的错误。

有时候，人有好口才不是坏事，但运用不当则会坏事。归根到底，言语是苍白无力的，我们也很少能够单纯地通过言辞去说服别人改变立场，让人心悦诚服，最好的结果也不过是口服而心不服。正如杰明·富兰克林说：“如果你总是争辩、反驳，也许偶尔能获胜；但那是空洞的胜利，因为你永远得不到对方的好感。”

所谓“水善利万物而不争”，有多少人在不争中收获无尽的乐趣与美满，又有多少人在你争我抢中深陷生气的漩涡，与幸福南辕北辙、擦肩而过。在意见发生分歧的时候，心平气和的讨论才能帮助我们认清客观事实和真理，而在激烈的争辩中我们只能获得个人主义思想。静下心来想一下，在争辩中我们能得到什么？除了浪费时间、浪费唾沫，换来别人违心的认输，给别人留下一个“莽夫”的印象之外，我们什么也没得到。所以，林肯说：“当你遇到恶犬挡道时，最聪明的方法还是避开它。别跟它为争夺路权而起冲突，如果被它咬伤了，就算你最后杀了它，你的伤口仍将存在。”

ⅴ6

别跟自己过不去， 就没人跟你过不去

人活一辈子，要经历许多事，面对无数次选择，不可能总是春风得意、一帆风顺，总会有许许多多不如意的事情出现。说不定哪一天倒霉的事、不顺心的事就会发生在你身上。这个时候，就需要我们对现实中的缺陷，不足及人生的种种烦恼总是报以一种乐观、宽容的态度，能接受，把它看成一种自有一番道理的客观存在，坦然面对。别跟自己过不去，生活中就没有什么坎儿是过不去的。

人生的大多数烦恼，不是因为我们拥有的太少，而是希望的太多。如果身材矮小的人总想着当模特，口齿不清之人总想着做节目主持人，那么他们的生活将被无尽的痛苦包围。很多时候，生活过得不如意，不是我们能力不够，而是我们的愿望不切实际。任何事都有一个度，超过这个度，很多事就可能变得极其荒谬。学会享受生活吧，有什么就享受什么，一杯清茶并不比一杯咖啡逊色。如此，生活就没有不如意。

我们不但总是对生活和自己期望过高，对别人也总是以很高的标准来衡量。当别人的行为达不到我们的期望值时，我们就会不满、愤怒。然而，静下心来想一想，我们的行为是多么的可笑。怒火催生不出完全符合我们标准的完美人，反而让我们自己的生活黯淡无光。这不就是自己跟自己过不去吗？

当我们跟自己过不去时，别人似乎都跟我们较劲儿。不是别人趁火打劫，而是我们自己的心态发生了变化。人无完人，物无无瑕，失望、烦

乱、悲伤是人生的一部分。生活如果太过于执着，只能用一个字来形容，那就是“累”。人生风云变化，能活着本来就不易，何苦还要为难自己呢？

飞儿家的空调外机因为对面楼盘施工被砸坏，却无人负责。飞儿又热又气，一晚上没有睡好觉。第二天早上，她上班坐电梯时，被一条宠物狗撞到。原本心情郁闷的她飞起一脚将狗狗踢出电梯，却发现雪白的裙子被可恶的家伙留下了几个抓痕。上班路上，她得到了暗恋已久的人将要结婚的消息。情绪一激动，她随手将手机扔掉。到了公司，她慢条斯理地整理文件，一个小时后发现同事们都匆匆地去了会议室。老板因为飞儿没有完成手头工作，且衣衫不整，勒令其写检查。中午，飞儿又受到人员调动的通知，自己被调到最不吃香的部门。吃晚饭时，表妹告诉飞儿，远在千里之外的姥姥病危，而飞儿没有休假时间。下班回家的路上飞儿觉得这一天所有人都在跟她过不去，日子简直糟糕透了。

就在飞儿对着一棵大树拳打脚踢时，一位清洁工将手机递到她面前。原来这位好心的大姐捡到手机后一直在附近等待失主，又凭借相片认出了飞儿。飞儿连连道谢，打开手机一看，开会的通知是在她扔掉手机几分钟后发出的。走到单元楼下，一楼邻居对她说：“早上狗狗自己跑进了电梯，我在寻找时发现你家的空调外机坏了，就让先生帮你修了一下。”飞儿又是一阵感激。回到家中，公司打来电话说，飞儿将被任命为新调部门的副经理。为了帮助其转变思维，更好地适应工作，公司决定给她三天的休假时间。飞儿有时间去看姥姥了。不多时，飞儿的家门被敲开，门外站着她暗恋的人。他紧张地说：“你对于我结婚的消息无动于衷吗？我那么喜欢你，还是想听到你当面的回答。”原来结婚只是他试探飞儿的伎俩。这时候飞儿突然醒悟：其实生活没有那么糟！

飞儿的生活本来就没有多大的问题：空调外机被砸坏，找人修一下就好了；衣服被狗狗抓脏，洗一下就什么也看不到了；暗恋之人要结婚说明她可以解脱了；公司人员调动，她可以尝试一下新的工作；儿孙满堂的姥姥病危也没有什么遗憾。然而，飞儿却觉得生活糟糕透顶，是因为她一直在跟自己过不去，心思一直再往坏处想。下班之后，一切问题似乎都烟消云散。其实，生活中，只要我们不跟自己过不去，没有人会跟我们过不去。

像飞儿的故事那样，生活总是在不经意间给我们一个不大不小的玩笑，让我们结结实实地撞上无情的“红灯”，或者被他人冒犯，或者亲人离去，或者爱情失恋等等，这时平凡的我们会埋怨生活对自己不公平，于是一味地怨天尤人，让事态变得更糟。其实，在这个世界上，有许多事情是我们所难以预料和控制的。我们左右不了变化无常的天气，却可以调整自己的心情；我们无法改变命运运转规律，却可以掌握自己；我们无法预知未来，却可以把握现在；我们不知道自己的生命到底有多长，却可以拓宽生命的宽度。

当不如意闯入我们的生活时，千万不要大动肝火。因为生气是自己跟自己过不去。并且当我们生气的时候，心情会变得非常糟糕，看到任何人、任何事都不顺眼，似乎生活的一切都在跟我们作对。其实，没有什么会真正和我们作对，除了我们自己。所以，永远不要和自己过不去，学会坦然接受生活的风雨坎坷，用充满希望的心态等待和风旭日。

7

对自己说“没什么”，豁达的人受人欢迎

世间的事都是活的、变化着的，一切皆无定论。即使到了山穷水尽的地步，换一个看问题的角度，就会是柳暗花明的另一番景象。所以，只要生命还握在手心，人生就没有绝望。人生不可能一帆风顺，我们总会遇到这样或那样的不顺心之事。如果事事计较，鸡毛蒜皮的小事就会充斥左

右，生活就会陷入绝望之中。所以，遇事对自己说“没什么”，豁达的人生才有幸福。

生活总是不尽如人意，我们会遭遇许多无可奈何的事情，邂逅许多恩恩怨怨。别人骂你一句，就还他一个微笑；狗狗弄脏了你的衣服，你就当污点是一种点缀；老板无礼地训斥你，你就当这是人生的茉莉。凡事不要太认真，豁达一点，就无所谓失，无所谓得，就能守住宁静的生活。

俗话说：“人生不满百，常怀千岁忧”。普通人常常烦恼，鸡毛蒜皮的事情就能影响其一天的心情。这些烦恼时时困扰着他的生活、工作、家庭、社交等等与人交往的一切过程，给身心带来极大的危害。所以，人生还是豁达一点好。面对人生的曲折，我们要学会看淡、看开，谁也不知道你下一秒的收获到底有多少，相信属于你的风景就在峰回路转之间。当你步履蹒跚、前行缓慢时，告诉自己：你有可能是在走上坡路；当你为自己失去的东西而黯然神伤时，安慰自己：生活有可能正在为你准备另一份丰厚的收获。

大学生大云在毕业季陷入了人生的低估。年前他参加了研究生考试，原本满满的信心在成绩出来后被打击得一点不留。收拾好心情，她开始紧张地准备毕业论文和投简历找工作。她自我安慰，不能读研没什么，人生的际遇谁能说得准。

紧张的论文答辩归去后，大云的论文却被老师评为了不及格。论文不及格就拿不到学位证书和毕业证书，这就意味着大云没有找工作的资格，只能在学校补休一年。在老师同学都对她表示惋惜和同情的时候，大云却认为这没什么，本来自己就没把大学课程学好，补休正是大学给自己提供了一次弥补的机会。在同学们都开始为毕业做准备时，大云抱着大学课本安安静静地去自习室看书。

一天下午，大云相恋五年的男朋友找到了她。刚见面，男朋友没有询问她考研的事情，也没有安慰她延迟毕业的事情，而是提出了分手，原因是他喜欢上了别人。大云平静地笑了笑，转身离开。只留男朋友在那里面红耳赤。晚上，知道这件事情的闺密来安慰她。大云说："我一点也不生气，感谢命运让我及时地看清了一个男人的真面目。如果我已经嫁给他了，才知道他对感情如此不专一，我面临的将是复杂的离婚，而不仅仅是失恋。"

大云所遭遇的事情可以算得上人生几大不幸。如果是普通人早已无法承受，但是豁达的大云却挺过来了。第二年，她凭借着扎实的专业知识拿到了跨国公司的聘任书，并在工作中和一位志同道合的上司相恋。生活到底在下一秒为我们准备了多少惊喜，谁也不知道。只有那些看淡荣辱得失，继续前行的人，才能得到生活的惊喜。

豁达的人生总是糊涂的人生。难得糊涂是一种人生的至高境界，只有饱经风霜、内涵丰富的人才能体会到其中真谛。难得糊涂是一种智慧，在纷繁变幻的世界，能看透事物、读懂人性，凡事举重若轻，收四两拨千斤之效；难得糊涂是一种气度，它能使人超凡脱俗、气宇轩昂、洒脱不羁、包容万象。糊涂之人都有一颗平常心，拿得起，放得下，外界的纷繁不能干扰他们心灵的澄澈。

黑格尔说过："在纯粹的光明中，就像在纯粹的黑暗中一样，什么东西也看不清。"如果一个人活得太精明、太斤斤计较，他的生活反而会陷入一片混沌之中；而如果一个人达观处世，生活的烦恼将不能对他产生任何负面影响。

豁达之人无疑是生活的宠儿，他的生活似乎总是顺风顺水。其实，豁达之人不仅能够拥有幸福的生活，还能够建立良好的人际关系。豁达之人不计较生活中的琐碎，所以遇事总能忍让。忍让是一种美德。能忍让之人在让别人自惭形秽的同时，也能得到别人的赞赏。

每个人在学习、工作和日常生活中，都无法回避人与人之间的矛盾。无端的指责、无中生有的猜疑、莫名其妙的冷遇、背后的流言蜚语等诸多烦恼随时都会困扰我们。愚昧之人总爱大动肝火，于事无补的同时，也给人留下性情暴躁的坏印象。聪明之人却不会在这些事情上做过多的计较，不影响自己心情的同时，也赢得了他人的好感。

生活中，有许多残酷的现实是无法改变的，有许多非议是无法消除的，有许多委屈是不可避免的。如果不能学会豁达，不能对自己说“没什么”，我们必然活得伤痕累累、心累至极。人生苦短，何必计较太多。遇到事情豁达一点、糊涂一点，烦恼就对我们手足无措。豁达不是对生活的麻木不仁，反而是对生活的热爱，对烦恼的蔑视。学会对自己说“没什么”，我们就可以在饶恕他人、宽容生活的同时，救赎自己。

第三章
DI SAN ZHANG

愤怒是魔鬼，别让一时的冲动毁掉一生

愤怒之人如同魔鬼附身一般，被怒火蒙蔽了心智，为逞一时之快，为泄一时之愤，往往会急火攻心，付出惨痛的代价。古语说："一失足成千古恨，再回首已百年身。"对于任何人来说，人生都只有一次，切莫因为一时的冲动，留下终身的遗憾。

1

愤怒是生命的刽子手

生活中的烦恼、痛苦、惩罚和暴力等种种不幸，与愤怒有着非比寻常的关系。愤怒是人类的一种失控情绪。当人们处在愤怒中时，智商和情商都降到了最低，特别容易做出冲动的傻事。在愤怒的关头，人们往往会自以为是，作出非常武断的决定，其冲动行为的危害性不可估量。

愤怒犹如冰毒，对人体危害极大，而人又容易上瘾。愤怒比流感、瘟疫的传染性更强，比怜悯、同情感染力更大，具有摧毁一切的威力。因为愤怒，我们身体虚弱、精神萎靡；因为愤怒，我们和朋友绝交，和情人分手，和爱人离婚；因为愤怒，我们事业崩盘、众叛亲离；甚至因为愤怒，我们失去了宝贵的生命。可以说，愤怒是生命的刽子手。一旦接触到愤怒，不管是暴怒之人，还是与暴怒之人打交道的人，都有可能因为怒火的不断膨胀而丧命。

愤怒之人就如同魔鬼附身一般，胡山就是因为一时愤怒，残忍地结束了他人的生命，也把自己送到了死神的面前。胡山是进城务工的农民工，在建筑工地开挖掘机。建筑工地的管理人员赵哥是当地的一个泼皮无赖，凭借着多年混社会混来的关系包下了这个工程。他对建筑工人的要求非常苛刻，不但管理非常严格，因为脾气不好还动不动就辱骂建筑工人。刚到工地几个月的胡山每天都会被刁难。

有一天，胡山在赵哥的指挥下，来到另外一块施工工地作业。在施工过程中，赵哥又对胡山不停地下指令。当胡山反应慢一些，或者出现某些小差错时，赵哥就会破口大骂。本来，几个月来每天工作10多个小时，胡山就非常不满。最近几天又连续晚上加班赶工期，胡山身心疲惫，内心的怨恨越积越深。这时，听着赵哥的辱骂，胡山怒火中烧。他指挥挖掘机“铁臂”向赵哥甩去，将赵哥甩在地上，随后一铲子向其头上铲去，顿时鲜血飞溅，赵哥当场身亡。

赵哥的鲜血惊醒了愤怒中的胡山。他害怕得手足无措，竟不知道怎么让挖掘机停下来。直到民警赶到现场，才将其从挖掘机上带下来。胡山对自己的行为非常后悔，接受审判时和家人抱头痛哭。

原本，在胡山和赵哥关系中，被无良包工头压榨的农民工胡山是值得同情的。如果他选择正常的手段，比如带领工友和赵哥谈判、找民警协调等，是能够维护其正当利益的。然而，他没有控制住内心的怒火，伤害了他人的生命，只能以自己鲜活的生命作为赔偿。

愤怒往往给我们造成这样的遗憾。有些事情，头脑清醒时我们绝对不会做。而怒火中烧时，我们却做得理所当然。当心中怒火熄灭，我们甚至不知道是怎么把这些事情做出来的。愤怒总是吞噬理智，让我们做出追悔莫及的事情。这些追悔莫及的事情可大可小，剥夺生命也在其中。所以，愤怒是生命最大的威胁之一。珍爱生命的我们，请远离愤怒。

生命，对于任何人来说只有一次，没有人可以在死神手中逃脱。所以，生命是世界上最宝贵的东西，而死亡就代表着最彻底的毁灭。怒火中的人都有或大或小的毁灭倾向。很多人在生气时摔盘子、撕书本、捏方便面就是毁灭欲的表现。当然这些行为造成的危害是有限的。而当一个人愤怒到极点，他就要选择更极端的毁灭行为来发泄，那就是死亡。他会用掠夺别人的生命、或者结束自己的生命来满足毁灭欲望。

也许有人认为，把愤怒当成生命的刽子手太过片面，只有极度愤怒之人才会杀人或自杀，小打小闹最多也就“杀死”几个盘子、几株花草。其实，没有人会突然间暴跳如雷，熊熊怒火是由一簇一簇的小火苗升华而来的。每当我们生气一次，心灵就会多一些毒素。久而久之，心灵的毒素就会越积越多，最终形成毁灭一切的火山喷发。不管是小打小闹，还是暴跳如雷，对生命产生的威胁是一样的。我们要保护生命，就尽量少接触怒火。一旦怒火燃烧，不管有多小，及时扑灭。

并不是好脾气之人就能避免愤怒的伤害。只要接触愤怒，我们的生命就会出现危险。很多时候，我们只是无意地冒犯了他人，就会被怒火伤害。因此，我们要尽量与他人和平相处，时常站在别人的立场上考虑问题。一个礼貌谦和的人很难冒犯到别人。还有些时候，我们并没有激怒别人，或者与愤怒之人素昧平生，却会无辜中选。这时候，我们需要迅速反应、机制应对。最好的办法是第一时间逃离现场。如果没办法逃离，说些缓和气氛的话，比如提一下对方的亲人。

愤怒，不管是对自己的生命，还是对他的生命，都是一个非常大的威胁。人在怒发冲冠的时候，什么事情都能做得出来。尽管大部分情况下，这些事情他们不愿做，但是吞噬了理智的疯狂已经由不得他们选择。怒火中烧的人是一头发狂的猛兽，不但肆无忌惮地破坏生活中的美好，破坏能力也会异常强大。所以，珍爱生命的法则是：克制自身怒火，远离愤怒之人。

2

遇事要睿智沉着， 勃然大怒只能使事情更加糟糕

生活本来就是个问题。而这个大问题又产生了许许多多的小问题。在问题叠着问题的世界里，普通人经常烦恼。因为，面对小麻烦，普通人认为理所当然，并麻利地解决掉；当遇到难以解决的问题时，普通人就开始抱怨生活的不公平。通常情况下，越是抱怨，事情就会越糟糕。所以，普通人的生活总是被问题缠绕。

其实，世上没有不能解决的问题，只有心态不好的人。心理脆弱的人，在遇到一点点不顺时，就会情绪激动、阵脚打乱。解决问题需要冷静的头脑寻找方向，清晰的思维设定步骤。所以，心理脆弱之人永远找不到解决问题的正确方向和方法。心理强大的人，有着“泰山崩于前而面不改色”的淡定，他们并不比别人睿智，却能睿智地找到出路。这完全归功于不管遇到什么事情他们都能够沉着应对，能时刻保持头脑冷静、思维清晰。所以，遇事沉着应对，世上就没有不能解决的事情。

时间总是永远向前流进，人一生就好像走在一条无法掉头转向的单行道上。过去的事情早已在人生的长河中定格，成为无法篡改的历史。世界上没有后悔药可以买，也没有人可以改变已经发生的事情。所以，对于生活中已经出现的不如意，我们再愤怒、再抱怨都无济于事。无法改变过去，那就在未来做出弥补。愤怒、抱怨只会让我们错失弥补的机会。所以，在和生活的不如意遭遇时，切忌勃然大怒。怒火伤身，却于事无补，积极寻找对策才是明智的选择。

沈宁的脾气从小就不好。上学的时候，同学们之间没有什么利益关系，她的坏脾气也没有给她带来什么大的烦恼。但是，工作了之后，她的苦恼就接踵而至。

沈宁的工作非常好，在一家公司做会计，会计人员每天都要面对大量烦琐的数据，总会心烦意乱。沈宁第一次发脾气是在工作一个星期的时候，那天她负责的一组数据一直核对不正确，她简直要气炸了，电脑旁边的文竹都已经被她一根一根地拔掉。这时候，上司开始来催要数据，看到沈宁还在核对就批评了她几句。沈宁从开始上班就很讨厌这个飞扬跋扈的上司，这时又正在气头上，她不计后果地把文件摔在了桌子上，和上司大吵了起来。上司显然没有被人大吼大叫过，几分钟后，才回过神来。

清醒过来的沈宁非常懊恼，她虽然不喜欢这位上司，但也不想以失业为代价与其发生口角。沈宁的心情糟透了，下班之后她来到男朋友家里，想向男朋友诉苦。男朋友在厨房大展身手，为沈宁做了一桌丰盛的饭菜。吃饭时，沈宁却因为男朋友一句不经意的话，和他大吵起来。吵完之后，沈宁开始哭泣。男朋友知道她肯定是在外面遇到了什么不开心的事，就来安慰她："既然不高兴的事情已经发生，你再想也没有用，只有想办法弥补。"

沈宁说："我一时冲动和上司大吵了一架，也许明天我就会失业。我不是存心要顶撞他，只是情绪一上来，我就控制不住自己。"

男朋友宠溺地说："你已经和上司吵架了，已经产生了坏影响，难不成还要因为这件事和我吵架，让你失业的同时再失恋？往好处想想，虽然你可能会失业，但是我会养你啊。"

沈宁因为一时冲动，顶撞上司，将自己推向了失业的泥潭。之后，她又把坏情绪发泄到了男朋友身上。好在，男朋友非常爱她，包容她。不然的话，她真的就因为愤怒既失业又失恋了。已经成为事实的事情，就不要再去多想。否则，不但于事无补，还会产生更大的负面影响。

人在愤怒的一瞬间，智商接近于零，需要半个小时或者更长时间，才能慢慢回升到正常水平。所以，愤怒中的人异常愚蠢。强烈的情绪波动致使我们记忆力下降、思维片面迟缓。我们难以对事情做出正确的分析，形成正确的认识。喷发的怒火吞噬我们的理智，致使我们无法判断事情发展的正常轨道，做出一些打破常规的事情，甚至冲破原则做出违法犯罪的事情。总之，愤怒之时，我们所有的行为都会对生活造成无法弥补的伤害。勃然大怒会破坏我们原本和谐的人生轨迹，让生活变成一团乱麻。所以，任何时候都不要轻易发怒。

每个人都想时刻保持一份宁静愉快的情绪。可这并不是一件容易的事。平和的心境仿佛一泓宁静的湖水，一股清风的激荡、一颗石子的袭击，都会让它荡起细细的涟漪许久不能平静。人生无常，许多事情无法预料，每天都有许多不尽人意的事情发生。对于遭遇的不幸和所发生的不如意，人们常常抱怨、懊恼、悔恨。而这些情绪就如同狂风暴雨，能激起心湖的千层浪潮。要想时刻保持生活的安宁，就必须拥有处事不惊的心态。不管为人处世，还是生意场上，都需要我们有一颗能够沉着、冷静的头脑。遇事不慌乱，我们就可以迅速地找到正确的补救措施。并且，镇定从容的人最能够平复他人的过激情绪。

人生就是问题叠问题，我们每天都会遇到大大小小的各种问题。当问题突然闯进你的生活时，不要自乱阵脚，不要勃然大怒，沉着冷静地面对它，问题将无处遁形、缴械投降。

3 愤怒时不要做决定

生活中，我们总是面临很多的选择，需要做出适当的决定。从晚饭吃什么到人生抉择，都需要我们比较、权衡，然后得出结果。各种决定充斥着我们，也许影响着我们的生活。做出正确的决定，事情就会朝好的方向发展；而一个错误的决定，会致使事态恶化。为了保证美好的生活不被破坏，我们要慎重选择，不能轻易做决定，尤其在愤怒的情况下不要做决定。因为这个时候做出的决定一般都是错误的，具有冒险性和极端性。

强烈的愤怒会冲溃我们的理智，致使我们忽视最基本的判断与核实的步骤。无论一个人有多大年纪，在气急之时就会变得像三岁小孩一样，思虑不成熟、言语不加节制、表现严重失态、情绪一发不可收拾。基督教认为，“人有见识就不轻易发怒”。愤怒是一个人没有修养、见识短浅的表现。在愤怒的关头，人们会作出非常愚蠢的决定，却还自以为是，也会作出非常危险的举动，却还大义凛然。这个时候所作的决定，90% 以上都是极端的错误。

人是感性动物，在爱恨情仇等情绪中生活，在需要被不断选择的世事中成长。有些情绪给我们带来无尽的正能量，有些情绪造成的伤害却无法弥补；有些选择或许无关痛痒，有些选择却事关全局。因生气而做出的错误决定，每个人身上都发生过。愤怒时，我们的思想不可能是清晰的，主观意识早就被怒火给蒙蔽了。因此，此时做出的决定绝对不可能符合正常的事物发展规律。

生气是人类最寻常的情绪之一，脾气再好的人都会生气。人在生气时，情绪会出现巨大的波折，正如平静的海面上掀起数米高的浪潮，其破坏力可想而知。人都说：“冲动是魔鬼”，情绪波动不定的人最容易冲动。一些清醒时绝对不会做的事情，在冲动时就会做的理所当然。所以，生气时做出的决定一般都具有冒险性。生活要改变，就需要冒险；然而冒险具有双面性，盲目的冒险无疑等于是把生活推向悬崖边缘。也许一时的冲动会葬送一段珍贵的感情，破坏一桩得之不易的婚姻，致使误解越来越深。所以，想要为生活守护一片澄澈、安宁的天空，就必须避免盲目的冒险。

在古老的长白山脚下，住着一位年轻的猎户。他的妻子在生下孩子三个月后因病去世，襁褓中的婴儿就留给了猎户照顾。猎户白天要出去打猎，无法将孩子带在身边。好在家里有一条聪明的猎犬，能够很好地照顾孩子。一天猎户照常出外打猎，由于中途出现一些意外，很晚才回家。刚推开家门，他闻到一股浓重的血腥味。猎犬欢快地朝他跑了过来，身上血迹斑斑。男人赶紧去摇篮查看，发现孩子不见了。悲痛之余，他认为一定是猎犬由于饥饿，兽性发作把孩子给吃了。于是，他愤怒地拿出猎枪将猎犬杀掉。

猎户心力交瘁，但还是决定把屋子里打扫一下。就在他挪动摇篮时，发现孩子好端端地躺在床底下睡觉，而摇篮正好把孩子挡上。这时候，他才意识到自己错怪了猎犬。突然邻居大叫着跑了出来，说家中躺着一只全身被咬得血肉模糊的野狼。猎户恍然大悟，原来在他出门的时候，一只饿狼来到他的家中。猎犬为了保护孩子就将其藏在床底的隐蔽角落，并且与饿狼发生激烈的搏斗。饿狼缺乏食物身体虚弱，败阵之后逃往邻居家，因受伤严重死亡。猎户懊悔不已，号啕大哭，可是事情已经无法挽回。

猎户在愤怒之际，一时冲动错杀了聪明的猎犬。猎犬虽然是动物，但是跟在人类身边时间久了，就会懵懂地感受到人类的感情。所以，在清醒的情况下，猎户是绝对不会这样做的，而怒火却让他失去了理智，亲手结果了一个忠义的好朋友。懊悔已经没有用了，猎犬的身体已经冰凉，不会因为猎户的眼泪而再度温热。所以，愤怒的时候，尽量不要做任何决定。一旦我们在这时决心去做某些事情，后果必然使我们无法承受的。

几乎所有的恶性事件都是因为生气的时候作了一个不理智的决定；几乎所有的犯罪分子在接受审讯时都后悔过，愤怒会让我们承受生活不能承受之重。人在极度愤怒时，总是要想法设法地发泄，而带有毁灭性质的行为最能达到发泄的目的。所以，愤怒时做出决定一定是极端的。当被上司辱骂的时候，我们觉得以一副“此处不留爷，自有留爷处”的傲慢态度，把辞职信拍在上司办公桌上的行为很解气，其结果是我们毁灭了一份维持生计的工作；当朋友误解我们的时候，我们觉得提出“老死不相往来”的要求，是对对方最大的惩罚，其结果是我们毁灭了来之不易的友谊。愤怒时所做的决定让我们在情绪得到宣泄的同时，失去更宝贵的东西。所以，为了不使自己走极端，尽量不要在生气时做任何决定。

生活中，我们总是会被这样那样的不如意激怒，做出一些冒险、极端的决定。事后冷静想一想，生气并没能解决任何问题，反而增添了许多无谓的麻烦。所以，我们要常常告诫自己不要生气。如果一时没有克制住，怒火熊熊燃烧起来，那就努力忍耐，先不要急于寻求解决问题的方法或途径，而是适当地转移一下，等心平气和时再做决定。

4

易怒者遵循原则，发怒之前考虑后果

正如世上没有完全相同的两片叶子一样，人跟人之间总是千差万别。有些人天生性格温和，遇到什么事情都能往好处想，似乎从来不会生气；而有些人则如同炸药包，稍不留意，就会给生活重重一击。易怒之人活得很累，生活似乎总是充满烦恼。其实，造物主对我们每个人都是公平的，给予我们相同的快乐和烦恼。只是许多人都不懂得珍惜，一把怒火就烧掉大半的快乐。发怒总是带给我们无法承受的后果，所以易怒之人应该用一定的原则来约束自己，并在发怒之前考虑一下后果。

俗话说，“种豆得豆，种瓜得瓜”。人生万象都处在因果关系链条中，我们种下什么样的因，就会得到什么样的果。所以，任何人都要为自己的行为买单。不管一个人职位高低、能力优劣，一旦犯错必将受到错误的惩罚。生活的天平从来不会对谁倾斜，“善有善报、恶有恶报”，千百年来一直是至理名言。发怒是人类最愚蠢的错误之一，不要因为你一时得到宣泄而心情舒畅，在不久以后你总将为愤怒付出应有的代价。所以，易怒之人的生活并不是原本就事事不如意，而是他总在接受生活的惩罚。

每一次发怒，自己的心灵都会蒙上一层灰尘，别人对我们的印象也会打上一点折扣。清醒过来之后，我们千方百计地想要擦拭自己的心灵、重新组建我们在别人心中的形象，但总是力不从心。因为任何事情都会在时间中留下其独特的痕迹，一旦出现就永久定格。所以，发怒的后果是无法弥补的，即使你事后积极地采取措施补救，也只能让事情恢复到接近原貌。

发怒犹如火山喷发，岩浆所到之处一切活物都无法幸存；发怒犹如输盐管道破裂，盐水流过的土地将寸草不生。即使若干年后，我们清理了冷却的岩浆，改善了盐碱化的土地，这里的一切也已发生了变化。所以，不要寄希望于事后的补救措施，能不发怒就尽量不要发怒。

张先生就是因为没有考虑发怒的后果，为自己的两巴掌付出了惨痛的代价。张先生有一个聪明可爱的女儿甜甜，今年刚刚七岁，粉嘟嘟的模样，让人见了就忍不住想抱起来亲两下。张先生夫妻俩工作非常忙，周末就把放假的甜甜关在家里。甜甜无聊至极，就开始在家中翻来翻去。张太太下班之后发现房间非常乱，就狠狠地批评了甜甜一番，然后自顾自地收拾房间。

甜甜被妈妈批评心中悲伤，就随手拿起身边的小本本撕了起来。这一幕被刚刚踏进家门的张先生看到，女儿撕的分明是张老爷子一辈子的心血。原来张先生决定换一个大一点的房子，张老爷子临终前就把攒了一辈子的存折给了他。为了这沉甸甸的父爱，张先生不知道在多少个夜里痛哭流涕过。他愤怒抢过被甜甜撕成一片一页的存折，并狠狠地打了甜甜两耳光。没想到这两巴掌竟然把甜甜打昏了。夫妻俩赶紧带着甜甜去医院检查，医生遗憾地说，甜甜的耳朵受到重创，可能会失聪。

看着甜甜耳朵中渗出的丝丝血迹，张先生追悔莫及，他决定倾家荡产也要对甜甜做出弥补。第二天，张先生辞掉了工作，开始带着甜甜辗转到各大医院治疗耳朵。可是半年过去了，甜甜的耳朵丝毫不见起色，性格也越来越孤僻。许多医生都劝他不要再浪费时间和金钱了，甜甜的耳朵永远无法康复。张先生多么希望再回到甜甜没有耳聋以前的时光，看她活蹦乱跳的身影和甜美可爱的笑容。然而，一切伤害都已造成，一切都已无法挽回了。

张先生的愤怒虽然直接上是让女儿付出了沉重的代价，但间接的也让自己背负了一生的遗憾。没有人可以避免愤怒的惩罚，一旦因愤怒而给他人或自己造成伤害，我们倾尽一生也无法弥补。

然而，生活中还有许多人并没有意识到愤怒的代价。他们总是随意发怒，事后还心安理得。这些人往往自视甚高，认为自己不管如何伤害别人的感情，都不会被别人抛弃。其实，人与人之间的关系是平等和相互的，你对别人的态度决定了别人对你的态度。被你伤害过的人，可能暂时不会离你而去，可是对你的情谊已经大打折扣。如果你继续我行我素，总有一天会众叛亲离。所以，任何人都要有克制愤怒的意识，不能任由愤怒胡作非为。

那些脾气不好的人，随时随地都可能火山爆发。当脾气快被点着时，要学会用后果警告自己。时刻把那些被我们的愤怒伤害过的事物记在心里，或者放在最显眼的地方，每当怒火中烧时，就拷问一下自己，是否还想像伤害这些事物一样，伤害其他的事物？这样我们的怒火就会瞬间被已经发生过的血淋淋的教训浇灭。克制怒火最好的方法就是让自己意识到后果，一本被撕毁的日记，一个被摔破的杯子碎片，一条触目惊心的伤疤都能够很好地提醒我们怒火带来的伤害。

易怒之人总是悲哀的，时不时就要接受愤怒的惩罚。建议易怒之人在遇到事情时，先冷静地思考三分钟，在脑海里预测一下发怒可能造成的伤害。倘若能够做到这些，我们的情绪就会有所好转，行为就不至于那么极端。这就是古人“三思而后行”的智慧。

5

不生气，心宽了所有的大事都小了

佛语说：“眼中有尘三界窄，心中无事一床宽”。不管世间的变化如何，只要我们的内心不为外境所动，则一时荣辱、是非、得失都不能左右我们，外界空间虽小，心里的世界却是无限宽广的。对于世间烦恼，聪明的人往往会坦然地接受它，积极地寻找解决方法。如果无法解决，那就索性忘掉它。世上之人总有富贵贫贱之分，总不可避免遭遇各种屈辱和不公。如果我们能够糊涂、宽容、随缘，所有的大事都会变得微不足道。

生活中，总有一些人，遇到一些鸡毛蒜皮的事情就对别人拳脚相向，这些人是粗鄙的；还有一些人，稍有不如意就对别人大发雷霆，这些人是愚昧的；而智慧的人都懂得“人生难得是糊涂”。人如果过于精明，有乐事时自然欢喜，苦难来临就会痛苦无比；有收获时雀跃鼓舞，面对困难就会伤心颓丧。爱计较之人常常处于烦恼之中，心中装满了琐碎，就装不下美景了。

倘若能糊涂一些，忍让一些，凡事不斤斤计较。那么，活是好、死也是好、苦也是好、乐也是好，总之这个世界哪里都是美好的。一个人经历一次忍让，便会获得一次人生的靓丽，打开一道爱的大门。忍让不但可以熄灭心头的怒火，避免不必要的伤害，还可以消融封冻的人际关系，守护宁静的心灵空间。有了忍让，心灵一片晴朗，心胸就无限宽广。

对于一对夫妻，不管怎样默契，要携手走完一生，总免不了磕磕碰碰。维持家庭幸福的秘诀就是放宽心态，不计较，懂得忍让。楚宣和笑笑就是因为没有明白这个道理，差点葬送了他们年轻的爱情。

楚宣和笑笑刚结婚半年就在闹离婚，原因是两个人经常吵架，十分不幸福。而他们为之吵架的事情其实都是一些生活琐碎，比如楚宣不爱刮胡子、总是把袜子乱扔，比如笑笑吃饭的时候喜欢讲话、总是霸占电视看娱乐频道等。但是，在两个脾气暴躁的人看来，这些都是不可饶恕的错误。

一天晚上，笑笑下班回家，发现早上刚刚打扫过的房间被搞得乱七八糟，而楚宣却在打游戏。笑笑气不打一处来，对着楚宣就是一顿数落，并拔掉了电脑开关。楚宣这时游戏正酣，突然被笑笑关掉电脑，也是火冒三丈，对着笑笑大吼：“嫌家里乱，你就滚。”

笑笑哭着跑出去，看到天下着大雨就决定惩罚一下楚宣，躲进了一家快餐店的角落里。冷静下来的楚宣，怕太太有危险，来不及带雨伞就匆忙出去寻找。平时，吵完架后，笑笑经常到附近的街道和公园散心，楚宣就在大雨中一条街道一条街道的找。

当楚宣经过快餐店时，浑身已经湿透。看着焦急不安的丈夫，笑笑突然醒悟：双方这样相爱，为什么让一些小事破坏他们的幸福生活呢？她追上丈夫，紧紧地抱住他。

从此之后，楚宣和笑笑遇到意见冲突的时候，很少再吵架了。每当要发脾气时，他们就赶紧找借口熄灭。楚宣和笑笑学会了忍让，生活过得非常幸福，闹离婚的事情再也没有发生过。其实，生活中的每个人都有缺点，这个世界也不算完美。因此，矛盾冲突无处不在，如果事事都要计较，我们总会被怒火烧伤。如果遇事不生气，矛盾冲突就会很有自知之明地变小、消失。学会包容生活中的烦恼、忧愁，它们就不会再困扰你。

心胸狭窄的人，会对自己、对别人、对世事都非常苛刻，稍有不如意他们就会怒火中烧。然而，世间之事绝不会一帆风顺，心胸狭窄之人总会陷入苦恼之中。似乎上天对他们是不公平的，其实是因为他们在功名利禄、荣辱得失、恩怨情仇上计较太多，没有多余的经历去欣赏路边的美景、天边的烟霞。心胸狭窄之人，容不下半点不如意。一旦事与愿违，他们就会烦恼不安。因此，心窄之人的烦恼总比别人多、比别人大。

心窄之人总是烦恼，为挣不尽的财富焦头烂额，为柴米油盐而忧愁，为荣辱得失烦恼计较，生活片刻不得安宁。然而，人生有涯，白发无情，几十年的光阴如流水行云，稍纵即逝。若总被烦恼困扰，人生的福乐便会被掩埋。宽心才是生活幸福之道。心宽之人，能容他人所不能容，世间的烦恼在他们眼中都不是烦恼，而是理所当然。能够理所当然地接受生活中的烦恼，就不会被烦恼困扰。正如对于一杯水来说，一块石头掉入其中就会导致水花四溅；而对于浩瀚的大海来说，一块石头激不起任何风浪。所以，心宽之人，烦恼就显得异常微不足道。

人在世间万物面前，无疑是渺小的。许多事情我们无法改变，只能承受。所以，人生在世，得失随缘。当我们紧握双手，里面什么也没有；当我们打开双手，世界就在我们手中。总想着死死抱住生活，却会让幸福生活渐行渐远。总有些东西是不属于我们的，苦苦强求也无济于事。倒不如潇洒放手，仔细想想没有这些东西我们照样可以快乐，有什么大不了。随缘之人不为物役，不为名累，知足常乐，一切随缘，能时刻保持心海的舒畅与宁静。

古人说："春有百花秋有月，夏有凉风冬有雪；若无闲事挂心头，便是人间好时节。"所以说，世界的好坏、大小并不重要，重要的是我们自己的心。一个器量狭小的人，总是不满足、总是抱怨，即使生活顺风顺水，他也会找出些波折；而一个胸襟宽阔的人，仿佛事事如意，纵然住在一个狭小的房间里，也能把小空间变成大千世界。

6

凡事要看得开、看得透

人的一生，就是一次经历万水千山的跋涉，而生命的精彩之处就在于峰峦叠嶂，在于柳暗花明。在愚昧之人的心中，这些难得的美景只是阴森恐怖的大山和曲折坎坷的道路。所以，他们永远都活得不开心。而智慧之人却相信，峰峦叠嶂中定然藏有千年古刹，柳暗花明处定有安逸的邻水人家。其实，只要凡事看得开、看得透，人生处处都是美景。

世界上没有绝望的事情，只有绝望的人。我们遇到的一切问题，其实原本并没有那么糟糕，是我们自己把它想象成无法攻克的堡垒。无论发生什么事情，生活仍将继续。只要还活着，一切问题都不是问题。不论与怎样的不幸不期而遇，不管命运之神加诸身上的苦难有多大，只要我们还活着就是命运的宠儿。

正如在前苏联影片《列宁在1918年》中，列宁的警卫员瓦西里对妻子说的那样："亲爱的，面包会有的，牛奶也会有的。"我们生活中的阴霾终将消散，阳光明媚才是天空的主题。当我们不幸陷入不如意的泥潭时，千万不要态度消极。抱怨、愤怒等消极情绪只会让我们越陷越深，充满希望的积极态度才能让我们撑到云开雾散的那一天。不管你的生活如何不顺，都请相信坏事情总会过去，明天会更好。

凡事能看得开、看得透的人注定是幸福的，因为他们总能潇洒地从烦恼中解脱。晓音就是这样一个幸运的女孩。晓音和佩佩是同事。她们曾就读于同一所大学，有着相同的爱好和相似的性格，相识不到一星期就成了无话不谈的好朋友。她们一起租房、一起工作、一起逛街、一起参加派对。在一次全是年轻人的聚会上，她们分别喜欢上了公司新来的两位主管。晓音喜欢的主管是一位英国人，名叫罗恩，有着英国男人独特的帅气和绅士风度。佩佩喜欢的主管是一位法律硕士，名叫王沛，温文尔雅，又幽默风趣。热情奔放的都市女孩疯狂地爱着心上人。她们抓住所有的机会和主管接触，在工作中找各种理由引起他们的注意，并尾随主管几个小时来摸清楚主管平时都和什么样的人接触。

春节将至，晓音和佩佩决定在公司年末舞会上向心上人表白。那天，她们花了很长时间把自己打扮得漂漂亮亮，满怀希望地出发了。结果，她们两个双双提前离开舞会，晓音去了附近的酒吧，佩佩却径直回了家。午夜时分，凌晨一点，醉醺醺的晓音回到家，打开灯之后，发现佩佩正在墙角哭泣。她上前抱住佩佩，说："罗恩竟然有一个相恋七年的未婚妻。算了，醉过就没事了。"佩佩说："王沛说他一点都不喜欢我。为什么他不喜欢我。"

晓音和佩佩一起失恋了。从此之后晓音就再也没有提起罗恩，而佩佩却钻进了牛角尖，最后服药自杀了。

佩佩钻进了自己设定的笼子里无法走出，失去了年轻的生命。而晓音没有较真，很快从失恋的痛苦中走出，她的人生还是那样的年轻和美丽。其实，佩佩的悲剧完全是因为想不开。王沛不喜欢她，是因为他们没有缘分。而世上优秀的男孩到处都是，她总有一天会遇到自己对的那个人。爱情就是这样，无需悲伤、无需着急，只要静静地等待，愿意和你携手余生的人会在未来的某个转角处等着你。

心态的好坏与我们人生幸福有着密切联系。不同的人对同一事物有不同的心境，也决定了他们拥有不同的人生。当我们以积极的心态对待人生时，人生回报我们的将是万里晴空。如果我们以阴郁的心态去体味人生，它必然给我们一场电闪雷鸣。所以，心晴的时候，雨天也是晴；而心雨的时候，晴天也是雨。

人的一生有太多的酸甜苦辣咸、五味俱全。幸福与否，关键要看你以怎样的心态来面对生活、面对人生。凡事能够看得开、看得透之人，心灵被希望和幸福占据，烦恼和愤怒也就无处藏身。人生的幸福并不是你有多少财富，或者生活有多春风得意，而是你拥有良好的心态。幸福之人相信幸福的存在，能从世间的一切得到欢乐：春天有姹紫嫣红，为人呈现一场视觉盛宴；夏天有蛙鸣重唱，给人听觉享受；秋天有皎洁的月光，令人心旷神怡；冬天白雪皑皑，给人以冰雪高洁的遐思。在他们的眼里，世间处处都是美景，人生充满美好与希望。

人生如风云，总是变幻无常。没有人的一生是一马平川、万里坦途，生活和工作中难免会遇到令人不愉快和烦闷的事情。当我们跌落人生的低谷时，要看得开、看得透，保持心灵的一片晴空，时刻相信事情并没有那么糟，明天又是一个艳阳高照的好天气。

7

学会克制，保持一颗平和的心

剧烈的情绪波动，尤其是愤怒，极具破坏力。它使人们失去理智，意气用事，无法深入到事物的内部去看清它的本来面目。同时，它也是一种极不明智的表现。我们的愤怒、抱怨、不满，都只是为了宣泄自己的不满。而实际上，这些坏情绪对于解决问题没有丝毫帮助，只会让事态恶化。所以，要想使生活的美好远离伤害，我们就必须保持一颗平和的心。

朋友对我们产生误解，不顾多年的友谊扬长而去，你怒从中来，决定与他一刀两断；同事在说你坏话，正好被你听到，你火冒三丈，决定给对方一点颜色看看，于是破口大骂、大打出手；爱人因为一点小事和你发生口角，你心中烦躁，刚买的笔记本电脑被你一把摔坏；上司当面劈头盖脸一顿臭骂，你委屈难当，一时控制不住情绪，像一头愤怒的狮子一样把不满发泄出来；心爱的玻璃杯被自己不小心打碎，你悔恨不已，眼泪如洪水一样决堤而出。

这些行为看起来再正常不过了，可换来的结果却让我们无法接受：因为小小的误解你失去了多年的朋友；因为同事的一句话，你脸上留下了多天不愈的伤痕；因为一些鸡毛蒜皮，辛辛苦苦赚来的几千块钱化为乌有；因为一时冲动，你成了无业游民；因为一个杯子，你精神萎靡、眼圈红肿。这时候，你该有多悲哀。所以，在遇到某些刺激使愤怒情绪蠢蠢欲动时，我们一定要学会克制，设法先让自己冷静下来，把熊熊怒火转化为解决问题的方法。

能够克制愤怒是一个人修养高的集中体现。它给我们带来的好处之多超出我们的想象。浅浅是一个性格温和的女孩。在同事和朋友看来，她似乎从来都不会发脾气。这让她赢得了很好的人缘，身边的人都愿意和她交朋友。也正是她平和的心态让她幸运地躲过了一场暴力伤人事件。

星期天下午，浅浅想去欧菲咖啡厅安静地看会儿书。快到咖啡店门口时，她想起来没有带笔，就转到超市买笔。周末超市人满为患，浅浅好不容易排到了收银台，却被一个莽汉插队。收银员很生气，呵斥莽汉去队尾排队。莽汉就是说有急事，必须马上结账。浅浅微笑着示意收银员让莽汉先结账。莽汉搜遍了全身口袋，却找不出一盒烟钱，于是无礼地要求浅浅帮他付钱。浅浅原本很生气，可转念一想，这个人肯定有什么困难，一盒烟钱对自己来说微不足道，于是就帮他付了钱。

莽汉显然做好了大闹一场的准备，看到浅浅帮他付钱非常吃惊。离开超市时，莽汉对浅浅说了句“最近几天不要去欧菲咖啡厅”，匆匆离开。浅浅虽然很奇怪，但还是决定回家。三天之后，浅浅在报纸上看到欧菲咖啡厅出现了歹徒因为情人出轨身绑炸弹劫持人质事件。浅浅吓出了一身冷汗，欧菲咖啡厅是她每天下班之后都要去的地方。再看歹徒照片，浅浅发现这人竟然是前几天在超市遇到的莽汉。这时她才明白过来莽汉那句话的意思。

浅浅平和的心态让她在和莽汉发生摩擦时，及使克制了怒火。莽汉被她的善良打动，帮助她远离灾难。如果浅浅当时没有让莽汉插队，或者没有帮莽汉付钱，而是因莽汉的行为勃然大怒，已经心理扭曲的莽汉不知道会当场做出什么事情，更不会提醒浅浅远离咖啡厅了。可见，有时候克制愤怒会给自己带来意想不到的益处。

想成就大事的人，想让生活充满幸福的人，在任何时候都能克制自己的愤怒情绪。然而，克制愤怒不是你使劲忍耐就行的。愤怒犹如火山爆发，一旦发作，忍耐将发挥不了任何作用。介于这种情况，我们就必须找对克制的方法。明显的心理暗示无疑是最有效的方法。林则徐在书房挂了一幅写着“制怒”两个大字的匾额就是成功的心理暗示。普通人如果脾气暴躁，可以在办公桌上放一张“笑脸”式的照片，或者在衣服上带一枚笑脸胸针等，每当想要生气时看一看这些暗示，头脑就会变得清醒。学会转移也是克制怒火的好方法。当脾气要发作时，我们就强迫自己想一些快乐的事情，怒气就会烟消云散。

不能克制自己愤怒的人，只能任由怒火奴役和驱使，做出明智的抉择，将人生推向无底深渊。所以，在任何时候、任何情况下，都不要轻举妄动而自乱阵脚，要学会用一颗平和的心去分析判断。心态平和之人，心灵就不会迷惑、没有烦恼，就更能够感受到闹市中的鸟语花香。在逆境面前，心态平和之人能镇定自如、视逆境为财富；在危机面前，心态平和之人能泰然自若，视危机为挑战；在流言蜚语面前，心态平和之人能平静如常、坦坦荡荡。总之，平和的心态拥有赶走烦恼、创造幸福、变一切劣势为优势的力量。

人生中的每一件不顺心的事情，其实都是上帝对我们的考验。顺利通过考验的秘诀就是学会克制。当与不顺心的事情遭遇时，千万不要草率行事，否则就会在人生的分岔路口走上不归路；要尽量克制自己的情绪，让怒火猛兽锁在坚固的心房，时刻保持头脑冷静、思维敏捷。冷静的思考和平和的心态是烦恼的天敌。如果凭一时冲动，意气用事，等待我们的只能是被怒火燃成灰烬的生活。

第四章

DI SI ZHANG

做情绪的主人，别让“生气”牵着鼻子走

情绪具有巨大的魔力。好情绪如春雨，可以滋润万物；坏情绪如野火，可以毁灭一山苍翠。智慧的人知道怎样控制情绪，而愚昧之人总是沦为情绪的奴隶。增加生活阅历、培养强大的内心世界，我们就能够操控情绪，扼住命运的咽喉。

1 你能操控情绪，就能操控一切

造物者给予人类最宝贵的财富之一就是丰富的情感。因为生活酸甜苦辣而生出的喜怒哀乐让人类世界多彩多姿。然而，人类的情感并不是都充满正能量。如果任由各种情绪为非作歹，生活就会陷入无尽的烦恼之中。不良情绪如秋风扫落叶，冷酷无情，剥夺人们幸福快乐的权利。所以，我们要加强理智对情绪的调控作用，及时远离坏情绪。只有这样，我们才能成为情绪的调解师，做生活的主人。

生活中，我们每一个人都或多或少遇到过一些挫折。每当这个时候，不良情绪总会趁机跳出作乱。抱怨声中，我们能获得片刻的安慰和解脱，结果却让我们的意志消沉，让我们在无形中忽略了主宰生活的职责。疯狂的发泄怒火之后，我们的心情得到暂时舒畅，结果却是因小失大，将自己推向更多的烦恼之中。

有一位出了名的售票员，大家都唤她王姐。她所服务的公交车创下了几十年没有乘客闹事、投诉的记录。当被问到工作诀窍时，王姐腼腆地笑着：“我没有什么诀窍，就是脾气好而已。”

王姐经常向新参加工作的售票员讲述这样一个故事。在某年的十一黄金周，火车站客流量激增。每天上车的人很多，售票员都要不住地劝说：“门口的乘客请往里挪一挪！”又一次，在王姐服务的车上，车门关上的一刹那，突然跑来一个乘客。车门一关，那个乘客的脚就被夹在门缝里。

王姐急忙开门，那乘客一上来就对司机火冒三丈地嚷：“你怎么开车的，人还没上完就关门，找投诉的吧？”

车里的气氛顿时紧张起来，眼看一场唇枪舌剑就要爆发。然而，王姐的举动却出乎所有人意料，她走到这位乘客身边，态度和善地道歉：“非常抱歉，由于我们的失误让你受伤了。”

那乘客还是不依不饶，不但占用了王姐的售票员专用坐，还一定要王姐在下一站带他去医院检查。面对乘客的无礼行径，王姐没有生气，依旧和颜悦色地说：“请您谅解，等我跑完这趟之后，就立马陪您去医院！”

一路上，王姐不停地询问乘客的伤势。等到站时，那位乘客有些激动地说：“其实，我的脚一点问题都没有，只是一时生气想发泄一下。你态度这么好，我就不为难你了。谢谢你的服务，下次见吧。”

在与乘客的关系中，王姐成功地控制住了自己的脾气，看似出于被动地位，其实事事主动。没有人在和气的糖衣公关下不屈服的，也没有烦恼不会融化在和颜悦色中。所以，王姐正是成功地操控了自己的情绪，才操控了整个车厢的气氛。如果王姐没有和颜悦色地安抚乘客，结果可想而知，这位愤怒的乘客肯定会拨打投诉电话，王姐将会因此受到处罚。

其实，控制情绪并没有我们想象得那么难。输入自我控制的意识是开始驾驭自己情绪的关键一步。经常提醒自己，自觉注意自己的言行，主动调整情绪，我们就能在潜移默化中拥有一个健康和成熟的情绪。另外，自嘲也是有效地控制不良情绪的方法。在生活、工作中，当遇到不公正的待遇，或受到不合理的评价时，我们常常怒火中烧，需要适当发泄。但是，发泄的后果我们无法承受，那就可以学着运用自嘲，以委婉暗示的方式，把内心的郁闷、不满吐露出来，以正视听。

愤怒的情绪其实是最无力的情绪，也是最具破坏性的不良情绪。许多人都会在情绪冲动时做出使自己后悔不已的事情来，因此，人们首先要学会控制自己的愤怒情绪。愤怒不仅仅会给我们留下过于情绪化的印象，让周围人不敢与你接触，同时还会影响自己对事物的正确判断，导致一系列的不良影响和后果。

生活常有不尽如人意的时候，关键在于怎样面对。性情暴躁之人，人际关系往往不好，因为没有人愿意把一个定时炸弹留在身边；性情暴躁之人，事业很难成功，因为好不容易积累起来的资本，一把怒火就会将其全部化为灰烬；性情暴躁之人常常犯错，因为他头脑清醒的时间很短暂；性情暴躁之人会沦为情绪的奴隶，即使再努力也无法让自己优秀。所以，要想把握自己的命运，操控人生的一切，首先要学会掌控自己的情绪。

2

好心情是身体的灵丹妙药

心态是人的一种感情状况，犹如天气的晴雨表。愉快的心情能使人精神振奋，忧愁的心情能使人萎靡不振，前者有利健康，后者有害身心。古语“笑一笑十年少”和“气大伤身”，就是这个道理。所以，坏情绪是健康的天敌，而好心情是身体的灵丹妙药。

根据生理学家的研究，人生气10分钟耗费掉的精力不亚于参加一次3000米的赛跑。人生气时，血压瞬间上升，身体的血液都会涌入脸部和脑部，致使心脑疾病发病率增高。所以，要想保持健康，就尽量不生气。即使无法控制脾气，那就在三分钟内结束怒火。这样才能把坏情绪的危害降到最低。

好心情对提高人体免疫力也有着极其重要的作用。《黄帝内经》中指出：人的五脏功能协调，精神活动就正常，所谓“五脏安定，血脉和利，精神乃居”；反之则会导致情绪或精神异常。而反过来，情志活动的异常也会影响人的脏腑气血的正常生理活动，影响人体免疫力的强弱。

心理暗示对人生的影响非常大。积极向上的心理暗示让人总是充满希望，推动事态往好的方向发展；而消极被动的心理暗示则会让人自暴自弃，使原本希望满满的生活越来越糟糕。这也是为什么许多积极乐观的癌症患者能够很快康复，而消极悲观的患者病情会不断恶化。

有这样一个故事：重症病房中有两位病人。一位得了脑梗塞，安心养病就能康复；一位患了胃癌，每天要配合医生化疗，并且只能吃流食。胃癌患者总喜欢让看护人员带着自己去医院楼下散步，即使有时不能走路也要坐轮椅出去。回来后，他总是兴高采烈地向脑梗塞患者讲述医院楼下发生的有趣事情。比如有一对小夫妻在长凳上接吻被医生训斥，原因是其中一个人患了重感冒；比如一个小孩追着狗狗跑，结果把自己卡在了两辆摩托车中间；比如水池里的一条大鱼突然跳了起来，吓坏了在旁边休息的人等等。

脑梗塞患者因为疾病心情烦闷，对这位胃癌患者说的话不感兴趣，有时只是漫不经心地应答几句；日子长了就非常反感，生气地责怪他耽误自己安心养病。可是，胃病患者不以为意，每天仍然去楼下散步。慢慢地，癌症患者的病情开始好转，已经可以吃一些松软的食物。而脑梗塞患者脑血管中的杂物却迟迟不见消散。半年之后，癌症患者竟然康复了。康复速度之快让医生非常诧异。

有一天，脑梗塞患者想看看病房楼下究竟是什么样子，就让家人带他去楼下。出去一看，他才发现医院正在整顿，病人只能在一小块以树木为屏障的绿地上活动。而这块绿地上根本没有长凳、摩托车和水池。脑梗塞患者幡然醒悟：“原来好的心情也是灵丹妙药啊！”

故事中的癌症患者总是保持积极向上的心情，即使周围没有美景，也会在心中勾画出一幅安宁祥和的生活图。他心情舒畅，自然能够好好地配合医院治疗，因此病情好转得十分快。而脑梗塞患者却始终心情郁闷，身体感受不到情绪的正能量，自我愈合能力降低。所以，从这个角度讲，是否拥有良好的心态，关系到人能否健康长寿。

人的生活不可避免地要遇到各种困难、坎坷或挫折，也时常会有不良情绪的产生。我们要尽可能地避免这些不良情绪的影响，坚决地减除心理压力及一切有损于心理健康的情绪。当不良情绪产生的时候，我们不能坐视不管，任由其胡作非为，而是要学会转移、发泄，比如向知心朋友吐露心声，做一些喜欢做的事情等。

随着社会竞争的不断加剧，人们的生活节奏变得越来越快。越来越多的人投入到无休止的工作中，片刻不得休息。日复一日单调而沉重的工作迟早会把身体压垮，疾病便会乘虚而入，这也是现代人的健康状况越来越堪忧的原因。为了增强体质，人们就必须保持良好的心态。在紧张繁重的工作之余，增加业余爱好，陶冶情操，提高生活的乐趣。比如下棋、钓鱼、养花、跳广场舞等娱乐活动，对改善心情都能起到积极的作用。

人们若长期局限于某种工作，很少与人交往，天长日久就容易产生烦闷、苦恼等不良情绪，从而影响身心健康。所以，为了保持心情舒畅，我们应该多参加社会活动，主动结交一些志同道合的知心朋友，相互关爱，让友谊的力量化解一切烦恼和忧伤。学会宽容是保持好心情的妙招。当一个事事不计较的人，他的心里能容下别人所不能容的事情。一些事情在别人那里是烦恼，在他那里就什么都不算。

科学研究表明，积极的精神能直接影响机体的抗病能力，尤其可以增强对疾病的耐受力和抵抗力。因此，那些身患疾病的乐观者，总是能够重获健康，延长寿命。好心情是身体健康的灵丹妙药。时刻保持心情舒畅的人，免疫力提高会得到提高，不容易受到疾病的侵袭。一旦不幸患上疾病，他们也能积极配合治疗，赶走病魔。

3

如果看电影让你不爽，那不如试试听音乐

人生不顺之事十之八九，人们总会被各种各样的事情打扰。生活中无处不在的不如意和无休止的烦恼好似刺鼻的白灰，将我们心灵的五彩斑斓

涂抹成单一的苍白；又好似铅垂，不断地给轻如蝉翼的美好时光施压。不会转移情绪的人，总是纠缠在烦恼沼泽中，并且越陷越深。所以，当遇到不开心的事情时，适当的转移会让生活变得轻松。

生活节奏不断加快，社会竞争急速攀升，人们总是忙忙碌碌，丝毫不敢懈怠。这就造成了烦闷、压抑、愤怒等许多不良情绪的出现。情绪不佳时，我们就会用一双蒙上灰尘的眼睛看世界，骄阳下不再是姹紫嫣红，皓月下没有了蛙鸣虫唱，生活的美好将不复存在。我们的心总是很累，生活变成了沉重的负担。这个时候，我们需要停下脚步，聆听自己的心灵：问问它是否喜欢眼下的事情，如果不喜欢那就换一下也无妨。

如果朋友偶尔让你不爽，那就去找陌生人聊天；如果同事让你不爽，那就去找上司交谈；如果看电影让你不爽，那不如试试听音乐；如果工作让你不爽，那就去海边享受生活。时间总是匆匆，片刻不会停留。当你为某些不如意的事情烦恼时，你会错过许多美好。人生短暂，为什么要将精力浪费在不喜欢的事情上呢？学会适当的转移，就不会和幸福生活擦肩而过。

如果因为被日新月异的世界压得喘不过气，那就为劳累的心灵放一次假，让山林中叮咚的泉流，田野里醉人的稻香，绿荫间清脆的鸟鸣，荡清你心中的疲惫，或者去钓鱼、去打球、去品茶、去赏画，让静谧的时光慢慢抚平心中的褶皱。

在一家外企工作了整整十年的老周，凭借过人的专业素质和广阔的人脉，拿下了无数难以搞定的客户。最近，部门总监又交给他一个棘手的案子。老周在得知这项安排的时候是有怨言的。这个案子本来是总监亲自在做，可是他花了整整半年时间都没有拿下来，只好寄希望于经验丰富的老周。刚整理一些材料，老周就已经看出这是一个付出和收获不成正比的案子，他不愿意接受这样一个不属于自己又棘手的案子。可是，谁让自己只是个低人一级的副经理呢。老周勉强地接下了这个案子。当他认真地梳理这个案子的头绪时发现，完成这项工作需要费很大周折。

老周决定先易后难，先用三天时间把简单的部分做好。可是，他为此连续奔波了一星期都没有结果。这让老周非常烦躁，相对简单的部分都如此难攻，更不用说其他的了。他决定去附近的公园休息十分钟，再继续工作。十分钟的休息是他给自己最大的宽容。这时候妻子打来电话询问老周晚上几点回家。当了解到老周的情况时，妻子说："明天我们去郊区果园摘樱桃，你也跟我们一起去吧。案子烦人，那就放一放。说不定从郊区回来，你就不烦它了。"老周听从了妻子的劝告，给自己放了一天的假。他和农场主攀谈，吃新鲜的瓜果，喝新鲜的牛奶，心情好极了。第二天，老周的心情依旧很好。当他再回头想昨天做的事情时，发现并不是案子过于复杂，而是自己的方法不对。就这样，老周转移了坏情绪，这项他认为十分棘手的案子很轻松就被解决掉了。

因为生活中的种种磨难，我们心灵疲倦不堪时，那就远离生活琐碎的纠缠，挣脱例行公事的羁绊，摆脱眼前的一切，转移到另外一个世界。我们的心灵会因此获得正能量，重新燃起激情和希望，从而以旺盛的精力重新投入生活中。老周正是听了妻子的劝告，在生机勃勃的农场中释放了心中的压抑，从而精力充沛地投入到工作中，轻松地解决了原本认为十分棘手的案子。

情绪不佳时，千万不要勉强自己。如果我们每天像苦行僧一样，排除千难万险对成功顶礼膜拜，那么成功会离我们越来越远。因为我们在几度渴望事事如意时，心灵会不堪重负，烦恼会接踵而至，幸福生活将渐行渐远。这时候唯一的解决方法就是换个事情来做。这时的心灵转移不会浪费时间，而是像砍柴前磨快斧头，远行前准备地图一样，是在积蓄力量，积蓄更好、更积极工作的力量。适时地给心灵放个假，大自然的灵性就能驱散我们心中的不快，感兴趣的事情能抚慰我们疲倦的身心。换个事情来做，换一些我们喜欢的事情来做，工作上、情绪上、思想上的疲惫与烦恼就会被涤清。

与其纠结于不喜欢的事情，倒不如倾心去做喜欢的事情。当不良情绪产生时，我们的心灵会往往十分恼火、暴躁，无法安静下来。这个时候，可以抬头看看空中的蓝天白云，低头赏赏脚边的花花草草，或者听听音乐、唱唱歌。这些温和的行为看起来和排除不良情绪无关，其实恰恰是以静制动的独特宣泄方式。它们是以宁静的心灵平息心头怒气，平和的态度缓解压抑的情绪。

当我们被不良情绪影响的时候，请立刻逃离让自己不快乐的环境。不妨到鸟语花香的公园、绿树成荫的大道上走走，大自然的美景、绿色的世界、蓬勃的生机都能使我们心胸开阔、身心愉悦、忘记烦恼。学会适时地转移注意力，是调节情绪的最有效方法。如果看电影让你不爽，那不如试试听音乐。如此，我们既可以避免电影带来的负面影响，也不会错过音乐的正能量。

4

宠辱不惊，主动掌控情绪

在生活中，我们难免会失去心爱的东西，难免被别人冒犯，我们会为此懊悔、愤懑。但是事情既然已经发生，我们一味地去苛求，除了会使自己感到无比的烦恼外，没有任何其他的意义。人生一世，草木一秋，匆忙又短暂。与其因为人生的荣辱得失而白白浪费光阴，倒不如从容一些，看淡人生得失。很多时候，人的痛苦与快乐，并不是由客观环境优劣决定的，而是由自己的心态、情绪决定的。当我们能做到“泰山崩于前而面不改色”时，情绪也就掌控在我们手中了。

世人都在苦苦追求幸福，却不知幸福无处不在。只有宠辱不惊、随缘而动的灵魂最能感受到幸福的存在。若岁月静好，那就颐养身心；若时光阴暗，那就多些历练，属于你的风景最终会在峰回路转之间等待。

如果你在竞技中失去了获得冠军的机会，那恰恰说明你还有进步的空间；如果你在职场受到老板的辱骂，这恰好是给你提供一个磨炼心性的机会；如果你在社交中失去了朋友的真心，你正好可以明白谁在真心待你。上帝在让你失去某些东西时，会用另外一些东西弥补。但是如果你失去了快乐，就没有办法弥补了。所以，在任何情况下，看淡得失，主动掌握情绪，我们才能操控自己的人生。

人生的得失荣辱往往是变幻无常的，之间有着千丝万缕的联系。往往在一念之间，事情就会发生翻天覆地的变化。送货员闯子的从容淡定，让他天天都能有好心情。闯子是生活在大城市边缘的打工者，为了维持生计，他每天都要工作十二个小时，奔波于城市的各大超市之间。一天早晨，天蒙蒙亮，闯子就出发了。他的心情特别好，因为今天送完货，超市就会给他结账。而收回这几千元货款之后，他就可以去交房子的首付了。

闯子在一家超市门前停好小货车之后，就开始往超市搬货物，这家超市的货物又多又杂，他搬得满头大汗。超市管理人员要求闯子把瓶装的鲜牛奶都一箱箱排成一面墙。闯子认为这样会很危险，牛奶或许会被打碎。管理人员不听闯子的意见，固执地要求闯子按他的要求摆放。闯子只好照做。就在闯子回头去搬最后一箱牛奶时，超市保洁人员拖地时碰到了牛奶墙，几箱牛奶掉了下来。喧闹的超市似乎安静了几十秒，人们都在等待着管理人员和闯子的反应。管理人员“不负众望”开始推卸责任，对着闯子大吵大闹，并决定扣掉闯子的部分货款。闯子表现很平静向管理员道歉，并表示同意管理员的决定。他默默地搬完最后一箱牛奶后，拿出塑料袋把还能收集的牛奶装进袋子了。

超市保安看着用牛奶喂流浪猫的闯子非常疑惑：“明明是我们经理的错，你为什么不和她争辩呢？几箱牛奶好几百块钱，你工作很长时间才能赚回来呢。”

闯子说：“经理认定要扣除我的货款，我争辩有什么用呢？再说，我一争辩就会失去最大的客户。我觉得赔几箱牛奶钱也没有什么。你看看，这些猫吃饱喝足的样子多可爱，我也收获了快乐。”

闯子无疑是睿智的男人。他把生活中的荣辱得失看得非常淡，因此打破牛奶的损失、管理人员的不公平待遇都不会影响他的好心情。反之，他还能从流浪猫享受牛奶中得到快乐。人生万物就是这样：只要你从容、淡定，就没有事情能够伤害到你，你的生活就会充满欢乐。

看淡荣辱得失，我们就能够掌控情绪，就能顾避免坏情绪的影响，时刻保持好心情。人这一生，事无完美，得失常有。每一次的得到都会伴随着一定的失去，每一次的失去都会获得意外之喜。所谓“塞翁失马，焉知非福”，生活在万千复杂的社会中，我们不能因一时的失去和不公而久久痛苦，否则人生将充满烦恼。

有人说：“人生的优雅并非训练或装扮出来的，而是百千阅历后的坦然，饱受沧桑后的睿智，无数沉浮后的淡泊。”这一份坦然、睿智、淡泊就来自于对情绪的绝对掌控。少一些抱怨，多一些宽容；少一些愤怒，多一些快乐；少一些计较，多一份糊涂，生活就能风光无限。

其实，在现实生活中，能够做到坦然面对荣辱，平静接受得失的人都非常少。当我们面对生活的得失、面对现实的无情、面对与自己擦肩而过的机遇、面对自己错失的爱情，更多的人是不断苦恼，一味地埋怨，到最后赔上生活的平静也挽留不到什么。所以，修炼一颗淡定的心灵是一件不容易的事情，需要我们付出很大的努力。

阅历是修炼身心必不可少的一部分。阅历不仅是自己的经历，还包括读书读来的知识。所谓“腹有诗书气自华”，读书多的人自然有一份区别于他人的气质。书本让我们博学、让我们睿智、让我们心灵富裕。所以，等闲下来的时候，不要把时间都浪费在酒吧、KTV、肥皂剧、游戏机上，多读一些书吧，它能让我们更透彻、更成熟地看待世间万物。

人生在世，常怀平常心会使我们活得潇洒自由。在得失荣辱面前，我们要学会主动控制情绪、沉淀心情。只有那些看淡得失、宽容淡定的人，才能在繁华的都市听到悦耳的鸟鸣，才能在狼藉的丛林发现美丽的花朵，才能在世事繁杂中发现人生的美好。

5

内心强大，情绪即可收放自如

在生活节奏不断加快的现代社会，每个人都面对强大的社会压力，不管是来自事业的压力，来自身体健康的压力，还是来自亲人朋友的压力，都会让人心情烦躁、抑郁。内心软弱的人，无法承受一点委屈。当被人误解和冤枉时，他往往会以激烈的情绪波动回应，或怒不可遏、或伤心流泪。而内心强大的人则能完全掌控自己的情绪，避免坏情绪的影响，每天保持好心情。

内心强大是成熟的表现。内心强大对这个世界、对社会、对人生，已经有了一整套比较完整的看法。他可以更透彻地通过事情的外在表象看穿事情的本质，从而做出正确的决定。面对突如其来的事情，内心强大的人总能凭借对事实成熟的认知，做出相应的反应，而不是手足无措、自乱阵脚。内心强大之人的人生很优雅，不怒不悲、无忧无虑，时时刻刻都被幸福包围。

内心强大的人活得真实。他不活在别人的眼光里，所以没有人能伤害他。即使全世界都来与他为敌，他还是能够守住自己的一片蓝天。因为他们坚信，真理总能冲破层层阻碍呈现在人们面前，到时候误解自然会被澄清。内心的强大不是高傲、不是孤僻，而是对真理勇敢的坚守。内心强大的人是世界最有力量的人，他能够出淤泥而不染，活出一派天真。

内心强大的人，也就是真正有思想的人。即使身处世俗世界里的所谓逆境，他的内心也是平和的、自信的。因为他的世界包括外部世界和内心世界两部分，而内心世界总是主宰者外部世界。在他的内心世界里，有一片纯洁的乐土。这里没有烦恼，充满希望。外部世界的一切烦恼到了这里都会烟消云散，所以没有什么不如意能让他生气、抱怨。

在一所普通大学有这样一个学生，他的爷爷是某集团中的老首长，父亲是省长，母亲是一家跨国公司的总裁。而他自己从小就非常优秀，所得的荣誉和奖杯堆满了卧室的一面墙。大学两年，他的各项成绩都遥遥领先，曾作为全国优秀大学生代表到麻省理工大学演讲。因为一项超出众人想象的专利，他还受到某国总统的接见。他的照片被挂在学校网站的首页，被贴在学校的橱窗内；他的事迹被同学们争相传颂；他的名字成了在学校提到率最高的名字。但是，很少有人在公共场合见到他本人，他似乎只存在于传说中。

其实，他就在大家身边。他穿着普通大学生都喜欢的衣服，留着普通的发型，每天在图书馆静静地看书学习。很少有人能在人群中认出来他，因为他总是那样的低调。

有一次，学校负责学生论坛工作的老师邀请他为同学们做一场报告。无法推脱的他只好硬着头皮答应了。这是他第一次在校园的公共场合出现。同学们对这个神话般的人物非常好奇，纷纷提问。当被问到，“你为什么这么低调呢?”

他说：“我的表现并不是低调，我只是活在自己的世界里，不太在意别人是赞赏，还是讨厌。人本来就是要活给自己看的，喜怒哀乐只有自己最了解。不用把自己的一切都摆在别人面前，这样不会受别人的影响，才能获得自在。”

故事中的大学生就是一个内心强大的人，他沉着淡定，时刻守护着心中的安定与平静。这是普通人无法做到的。如此显赫的身世、如此优秀的成绩，大部分人可能都会变得强势霸道、咄咄逼人。而他却能淡泊面对，不做别人眼中的自己，只过自己的生活。所以，他是真正懂得什么是快乐、什么是幸福的人。

内心强大的人心中总是充满希望，拥有坚定的信念。生活中，我们每个人都会受伤害，因为人生没有绝对的公平。当生活给予我们的少于应得时，内心强大的人更懂得安慰自己，并总是对未来充满希望。内心强大的人总是快乐、幸福的，似乎上帝对他总是特别抬爱。其实，事情完全不是这样。上帝对于每个人都是公平的，只是内心强大的人可以很好地操控自己的情绪而已。

在任何时候，心理强大之人都有从头再来的勇气。他们有绝对的自信，这种自信常常来自于他深刻地意识到自己的浅薄，以及对自然、对人的生命的深深敬畏。他用一种特别的开放意识与开放心态去应对任何不同的声音。任何批评、指责、不满，甚至侮辱，他都能够认真听进去，能够吸取其中有益的一部分。所以，内心强大之人的心胸是宽广的，可以包容万物。也正是如此，他一无所有之后，还敢从头再来。因为他能够从万事万物中汲取正能量。

与其说每个人都有自己的命运，人生各不相同，倒不如说我们自己打造了自己别样的人生。内心强大的人成熟、真实、自信、勇敢，他从不因为一时的得失愤愤不平，因为他明白人生有得必有失；他从不抱怨生活的不公平，因为他任何时候都能看到希望；他从不为别人的误解、辱骂和嘲笑火冒三丈，因为活在自己的世界里，别人的看法并不重要；他不会为突如其来的变故手忙脚乱，因为他坚信坏事情总会过去。所以，一个人内心强大起来，就可以操控情绪，使情绪收放自如。而如何让内心强大，就必须成熟、真实、自信、勇敢。

6

怒发冲冠时，记得踩一脚急刹车

人有喜怒哀乐，生气在所难免。但动不动就怒发冲冠是处世的大忌。古语说：“喜时之言多失信，怒时之言多失礼。”愤怒，让我们像闻到血腥的猛兽一样冲动，行为失态、失礼，说话偏激、绝情，结果对自己和他人造成不可弥补的伤害。然而，发怒就像在喝酒，一旦喝下第一杯，就会一杯接着一杯地喝下去，越喝越醉，越醉越喝。所以，人生的列车驶离愤怒时，我们要及时踩住急刹车，不要让自己沾上酒瘾。

愤怒是一种最无力也最具破坏性的情绪，它给人们带来的负面影响可能远远大于我们的想象。因为愤怒，我们常常情绪失控，行为偏激狂妄；因为愤怒，我们常常为图一时之快，说话刻薄绝情；因为愤怒，我们常常忘记礼仪，给人留下行为不端、放荡不羁的坏印象。等怒气消散，我们才发现自己得罪了朋友、亵渎了友谊、损伤了情面。我们想积极寻求弥补方法，却已经为时晚矣。常言道：“良言一句三冬暖，恶语伤人六月寒。”很多时候，愤怒给别人心里留下了一个永远无法愈合的伤口。

“愤怒是魔鬼”，这句话所有人都知道，那么为何还有那么多人铤而走险，做些让人不屑的事情呢？原因就是，愤怒是一种突如其来的情绪，往往一瞬间我们就怒发冲冠、火冒三丈。所以，愤怒经常让我们措手不及，根本没有时间考虑应对措施。针对愤怒的这种特点，我们必须学会踩急刹车，在愤怒将要产生的那一瞬间消灭它。

一对男女从相知相爱到结婚生子，要用一生的时间来享受，期间免不了磕磕碰碰。如果夫妻两人在吵架时能及时踩刹车，生活将美满幸福；如果任由愤怒张狂，将造成不可弥补的伤害。

陈先生和陈太太就是这样一对愚蠢又可怜的夫妻。有一天，两个人因为一些琐事大吵大闹。陈太太气愤之际，摔掉所有能摔的家具之后还不解气，就决定烧掉两人辛辛苦苦积攒多年的10万元现金。陈先生见太太想要烧现金，心想：你不心疼钱，我也不心疼。于是，他不仅不加阻拦，反而跟她对着烧。短短的几分钟，多年的血汗就化成灰烬。第二天，陈先生的气好不容易消了。但是，当他看到狼藉满目的房子和门口的一堆灰烬时，立刻又成了充满气的皮球。当天夜里，他趁陈太太熟睡之际，拿起菜刀将其杀死。看着满身是血、一动不动的妻子，陈先生突然非常后悔：这是他爱了整整二十年的妻子，为自己生儿育女、烧饭煮菜的妻子啊。陈先生赶紧背着太太去医院。可是已经晚了，陈太太因失血过多身亡。陈先生主动去派出所自首，把后半生交给了冰冷的牢狱。

陈先生和陈太太的遭遇让人气愤，又不免生出同情。如果两个人在生气时都能克制一下，有儿有女的他们将是多么的幸福。与之相比，高先生和高太太就睿智许多。高先生与高太太已经七十岁了，仍然像年轻人一样牵着手逛公园。他们能恩恩爱爱地走完一辈子的秘诀就是，生气时及时抑制。高先生和高太太从相爱之时就达成了一个共识。每次生气，两人轮流找话题转移。比如，有一次，高太太因为高先生没有把烟头扔进烟灰缸而大发雷霆，高先生觉得太太对自己的要求太过苛刻，心中也是火苗窜动。他举起烟灰缸想要扔掉，可转念一想，如果这样做的话，势必爆发一场家庭大战。于是，他将烟灰缸攥在手里，并像模像样地找绳子，嘴里喃喃地说："我要把烟灰缸绑在手上，以后就不会乱扔烟头了。"高太太被高先生的行为乐了，怒气一下子就没有了。

高先生和高太太能够成功地运用急刹车，在保证能携手到老的同时，也给生活增添了不少乐趣。自嘲是抑制怒火的最佳方法。盛怒之际运用自嘲，不仅能缓解自身情绪，还能给人留下幽默风趣的印象。高先生在手上绑烟灰缸的行为就是收到了最佳的自嘲效果。

与不愉快的事情保持一定的空间距离也是抑制愤怒的有效方式之一。当我们对一件事或一个人忽然感到气愤而可能失去控制时，应该马上离开。还拿夫妻吵架这件事举例子，两人发生争吵时，一方可以先出去转转，等气消了再回家，另一方也就不再生气了。

联想消怒法也可以帮助我们及时终止愤怒。当怒火中烧时，先问问自己：我真的是对这个人感到愤怒吗？我愤怒的原因真的是我说的那些原因吗？有没有这样的可能，我之所以对他愤怒，是因为对他发火比较安全？当我们把自己生气的原因整理清楚时，我们的怒火也就熄灭了。因为生气往往是一瞬间的事，并且多为一时冲动。等整理清楚问题的原因，我们已经冷静了下来。

愤怒是一种人性弱点，而不是所谓的勇气。所谓“小不忍则乱大谋”，一旦愤怒爆发，我们将后悔莫及。因为其造成的伤害，我们倾尽一生都无法弥补。所以，我们要学会克制愤怒，在怒发冲冠的时候及时踩一脚急刹车。这个踩急刹车可以是保持距离、冷静联想，也可以是听听音乐、看看电影，总之方法多种多样，关键在于我们有没有意识去运用。

7

面对批评不生气，才能真正进步

任何人都有言论自由，都有对生活万象提出看法的权利。社会是人与人的交际，我们每个人都是所接触之人生活的组成部分。所以，别人理所当然可以发表对我们的看法。人的行为并不是都正确的，一旦出现错误，别人就会对我们进行批评。面对批评，我们总是心中不悦，因为人人都爱听好话。但是，我们必须坦然接受他人的批评。只有这样，我们才能真正进步。

现实生活中，人们往往可以通过他人的批评来正视、修正自己的错误行为，从而提高自身能力。必须承认，他人的批评，除了少数是别有用心之人的恶意诽谤之外，绝大部分都是善意的、正确的，都是针对我们的缺点和不足提出来的。与其等待敌人来攻击我们，倒不如认真对待身边人的批评，先对自己的堡垒进行一次检修和加固。

唐太宗李世民说：“以铜为鉴，可正衣冠；以古为鉴，可知兴替，以人为鉴，可明得失。”坦然接受他人的批评不仅是心理强大的表现，还能帮助我们不断进步。通过别人的批评，我们可以认识到自己的缺点和不足，从而积极改正。如果闭目塞听，我们自会狂妄自大、或者盲目自卑。所谓“旁观者清，当局者迷”，自己对自己的看法总是带有主观色彩，而他人对我们的看法则是公正客观的。

坦然接受别人的批评，我们才能认真分析批评的对错和自己的得失。在遇到别人的批评时，不是装聋作哑、息事宁人就是明智的做法。把别人的批评看作理所当然，并坦然接受，才能将批评本身的负能量转化成积极影响。如果一个人对别人的批评心不甘情不愿地接受，他最多也就是承认自己存在一些失误，但并不会认真去改正。这其中有种赌气的成分存在：你不是要挑我的毛病吗？我偏偏就是不改。所以，对于别人的批评，我们要克服心中的不悦，用一颗平常心去对待。

认真考虑别人的批评，别人才会愿意继续帮助我们进步。当他人诚心诚意地提出批评时，我们如果不虚心接受，反而盲目地反唇相讥，往往会挫伤对方对自己的感情和积极性，甚至在两人之间筑起心理壁垒。对方批评我们，自己心中肯定认为是在为我们好。如果我们不接受他人的帮助，他人就会觉得我们“孺子不可教也”，从此再也不插手我们的事情。了解到这件事情后，其他的人也不会再关心我们的生活。久而久之，我们就变成了孤家寡人，失去了进步的机会。

在中国历史长河中，有这样一对君臣。他们一个敢直言最高权威失误，一个能虚心接受臣下指责，共同开创了空前绝后的贞观之治。这对君臣就是唐太宗李世民和谏臣魏征。虽然，魏征经常不留情面地指出李世民的缺点，李世民也常常因此心中郁闷，但是他们的关系却非常好，如同知己一般。

李世民居住的宫殿是前隋皇帝的旧物，年久失修、破败颓废。大臣出于天朝面子考虑，力劝李世民重新打造一所豪华住宅。李世民也不愿意再住那个透光漏雨的破宫殿，就同意了。魏征知道后，立即指责李世民不知道节俭，不爱惜黎明百姓，不为天下着想。李世民正在憧憬着豪华新房，听到魏征当面泼冷水心中非常不悦。可是转念一想，魏征说的句句在理。于是，他当即采纳魏征意见，决定修补一下宫殿就行了，并且嘉奖了魏征。

还有一次，李世民在狩猎时捕到了一只鹞子，非常喜欢，决定带回宫中豢养。魏征怕皇帝玩物丧志，耽误国家大事，就故意在李世民玩弄鹞子时求见。李世民为了维持自己勤于政事的形象，就把鹞子藏到怀里。魏征为了灭唐太宗的好玩之心，故意有话没话地和他搭茬，奏报很长时间，也不顾唐太宗埋怨的话语和眼神、动作，以至于把鹞子活活给憋死了。

即使是这样，李世民还是没有责备魏征。李世民虚心纳谏的实例已经传开，全国上下掀起进谏之风，政治一下子清明许多。

李世民睿智地意识到“以人为鉴，可以明得失”，所以对臣下的进谏都一律接受、考虑。他没有因魏征不留情面的指责而处罚魏征，反而嘉奖魏征。这让臣下都看到了皇上的英明，于是纷纷进言，提出了不少利国利民的好策略。可以说，贞观之治的出现正是得益于这种开明的政治风气。

面对别人的批评，保持冷静和虚心接受是非常重要的。但同时，我们还要有客观评价自己的标准，否则将很难判断别人的批评是善意与否；另外还要有主见，这样才不会乱了方寸，不知所措。别人的批评并不完全对我们有利，难免会有居心叵测的人故意伤害我们。有时候，因为对事情的看法不同，别人的善意批评也有可能是错误的。所以，对于别人的意见我们要学会鉴别。

总之，我们不可能让所有人喜欢，让所有人满意。所以，面对别人的指责时，尽量超脱些。别人批评我们，说明我们还有待进步，虚心接受这些批评并认真分析，我们就能够得到提高。正如著名思想家爱默生说的那样：“如果我们将批评比喻为一桶沙子，当它无情地撒向我们时，不妨静下心来，在看似不合理的要求中，找到让我们进步的‘金沙’，在批评中寻找成功的机会。”

第五章
DI WU ZHANG

生命短促，别再为小事抓狂

生活中，我们常常因为一些芝麻小事而情绪狂躁、思维错乱。其实，我们不是缺少机会，也不是资历浅薄，而是缺乏对情绪的控制。每个人都应该明白：心若改变，情绪就会改变；情绪变了，行为就会变；行为变了，习惯就会变；习惯变了，性格就会变。性格改变了，命运自然会跟着改变。

⟀1

别为小事生气，不为鸡毛蒜皮的事烦恼

在日常生活中，每个人都免不了会遇到一些不顺心的事。当痛苦、困惑、委屈这些负面情绪到来的时候，如何对待它们就因人而异了，对于有些人来说，这些鸡毛蒜皮的小事就好像是一座大山压在身上，让他们喘不过气来，以至于让自己被坏情绪控制住。而那些乐观的人，却总是能放下这些负担，不自寻烦恼。

朱德年轻的时候，是个非常热心的人。每到农忙的时候，他总是抓紧时间把自己家的农活干完，然后就去帮邻居的忙。每当太阳快落山的时候，他才收拾好工具回到家，一天下来，累得腰酸背疼，可是朱德的心里十分高兴。第二天一大早，他就又去帮邻居干活了。

朱德有一个远方表叔，因为家里的男劳力不够，农活总是很晚才干完。朱德知道了，马上跑到表叔的家里去帮忙。可是，这个表叔是个小心眼的人，看到朱德这么积极地帮助自己，就猜想他可能是想偷自己的粮食。于是，每当朱德到田地里去的时候，表叔就跟在后边监视他。等到晚上朱德要回家了，表叔还偷偷打开他的筐子，看看他有没有偷自己的粮食。这些，都被年轻的朱德看在眼里。

要是换作别人，看到表叔这样对待自己，肯定早就大发雷霆了。可是朱德却没有这样做，因为他知道，自己来这里，就是为了能够给别人提供帮助。农活干完了，自己的目的也就达到了。所以，他不仅没有生表叔的气，还笑着对表叔说："农活干完了，我要回家了。表叔，家里以后有需要帮忙的，我还会过来的。您放心，我肯定把您的农活干得好好的!"这样一来，反而是表叔不好意思起来了，为自己的小心眼感到脸红了。

其实，像这样的事情，大家都有可能遇到。但是，有朱德这样胸怀的人却不是很多。很多人在遇到委屈、遭到埋怨的时候，常常会钻到牛角尖里，而看不到自己因此失去的快乐。其实，只要把心胸打开，就会看到，自己所面对的，不过是一些针尖大的小事，根本不值得自己为之烦恼。

刘乐是一位成绩优秀的高中生。在平日的学习中，他总是班里最认真的那个。可是，在最近的一次月考时，因为身体不适，他的成绩下滑了很多，从年级的前十名一下子变成了五十名。虽然这个成绩依然很不错，但是这次考试在刘乐的心中留下了阴影。下课的时候，其他同学出去放松，只有他还在教室里埋头做题，有时候，别人的一句玩笑，他也觉得是在暗示自己没有考好的事情。他的压力越来越大，晚上也常常失眠。结果，在第二次考试中又一次发挥失常，从此以后，刘乐对自己失去了信心，学习的劲头也大不如从前了。

一次小小的考试，为什么会造成这样的结果呢？原因就在于刘乐把这件小事看得太重要了。其实，在人的一生中，我们会经历大大小小无数次的考试，不论是初中升高中、高中考大学，还是找工作、晋升职位的时候，都会遇到各种考试。如果因为一次的失误，就郁郁寡欢，纠结不停，只会让自己的心理压力越来越大，最终让自己被负面情绪给打败。

其实，在每个人的生活中，都时不时地会发生一些不愉快的事情。也许是别人的一次不小心，把茶水洒在了自己的衣服上，或者是自己在开会的时候迟到了几分钟，又或者是因为中午的饭菜不合口味等等，这些鸡毛蒜皮的小事，会出现在每个人的生活里。但是，不同的人面对的方法却有着很大的不同。心胸开阔的人，常常会一笑了之，不为这些小事继续烦恼，而那些喜欢钻牛角尖、心胸狭窄的人，则会沉溺在这些小事中，一遍又一遍地自讨苦吃，最终只会耽误了其他工作。

台湾的一位作家说过这样一段话，人生就好像在建筑一座大厦，当一个人到了一定年纪的时候，就会发现自己的这座大厦，只是硬件非常好，而内在却存在许多小问题，比如说水管失修，比如说墙壁剥落等等。但是这些小问题，又不值得把整座大厦拆掉，因为如果真的拆掉了，可能连自己都会忘了自己是谁。可见，只有拥有了豁达的心胸，才能让自己的人生变得更完美。

很多人在遇到困难时，会怨恨别人，或者是抱怨社会，其实这种做法，不会对事情的好转有任何帮助，只会让自己的情绪变得越来越糟糕。要知道，人生在世，学会豁达面对这些纷扰，既是快乐生活的必需，也是一种处世智慧的表现。要想有豁达的心态，就必须学会包容。面对别人的误解，我们可以站在对方的角度考虑，理解他们；面对意料之外的失败，学会为自己加油，减轻心理负担；面对没有完成的遗憾，学会鼓励自己，继续努力。要知道，当一个人的生活被烦恼和抱怨塞满时，就没有地方装得下快乐了。这样的生活只会让自己变得越来越累，前进得越来越慢，最后变成恶性循环。

只要你用心去看这个世界，就会发现还是有很多美好存在其中的。一个好天气，一个甜蜜的微笑，一次善意的帮助，都会让自己的生活变得快乐起来。只有乐观地面对生活，生活才会向你展露出笑容。烦恼就像是一把摇摇椅，当你坐在这把椅子上时，它就会一直摇啊摇，怎么也停不下来，而当你从椅上跳下来，它也就不会再摇来摇去了。所以请记住，世上本无事，庸人自扰之，只有看得开，才能收获幸福的果实。

2

不带“放大镜”出门

进入现代社会，人们的生活节奏越来越快，生活方式也在发生着显著的变化。人与人之间的关系也变得微妙起来，有时候，一句不经意的话就可能引发一次争吵，既伤感情又伤身体。所以，在人际交往中，学会“大事化小，小事化了”是非常重要的。如果随身带着一把“放大镜”，遇到一点小摩擦就无限放大，上纲上线，结果只会给别人和自己带来更大的困扰。

有一位老妇人，她每天都会数一下自己筐里的鸡蛋还剩多少。一天，她发现自己的鸡蛋少了一个。于是，她又数了一遍，结果发现确实是这样。因为这一只鸡蛋，这位老妇人竟然伤心了好几天。她的邻居很不理解，就过来劝她说：“不过是一个鸡蛋嘛，不至于这么生气啊。”没想到，这位老妇人非常难过地对邻居说：“我丢了一个养鸡场!”邻居听了，非常纳闷，就问到：“你不是丢了一个鸡蛋吗？怎么会是养鸡场呢?”老妇人回答说：“我丢的是一个鸡蛋，可是这个鸡蛋可以孵出小鸡来，一只小鸡长大了，还会下很多鸡蛋，这些鸡蛋里的小鸡全都孵出来以后，我就可以办一个养鸡场了!”

丢了一个鸡蛋，本来是一件微不足道的小事，可是在这位老妇人心里，却变成了一个关系到养鸡场的大事。就是因为，这位老妇人在看待这件事的时候，用了“放大镜”。让自己的情绪完全被一点小事给控制住了。其实，换个角度想想，“幸好我丢的是一个鸡蛋，而不是更多的鸡蛋。”这样，就会让我们的心情变得愉快。

在生活中，要想远离烦恼，就要学会“不在意”的生活态度。这种不在意，不是指碌碌无为地混日子，而是说，不要为了一点小事就大吵大闹，或者因为一次失误就无限放大自己的损失。更不要像林黛玉一样，无端猜疑别人，夸大事实，那样，只会让自己的负担越来越重。

孙师傅是一位普通工人，为了能够拥有一辆属于自己的轿车，他总是在工厂加班到很晚才回家。经过几年的努力，他终于攒够了钱，买到了梦寐以求的新轿车。这以后，每当他下班回来，第一件事就是擦洗汽车，还经常为车做保养，真是爱护有加。可是，有一天，他发现车身上有几道划痕，他非常生气，便质问自己的儿子：“是不是你在我的车上乱划?”刚刚七岁的儿子被父亲严肃的表情吓住了，哭着点点头承认了。这个时候，面对哭泣的儿子，孙师傅并没有原谅他。因为在他看来，这不仅仅是划痕的问题，这是毁掉了他几年的辛苦工作。一想到自己为了买这辆车，整日起早贪黑，吃尽苦头，孙师傅的气就不打一处来，于是他找来绳子，绑住儿子的双手，将他吊在车库前作为惩罚。

做完这些之后，孙师傅就回家喝酒了，等到几个小时之后妻子回家的时候，才想起儿子。喝得醉醺醺的孙师傅马上向车库跑去，可是，儿子的手早已经被绳子勒出血来了。他们马上解开绳子，抱起儿子就往医院跑。遗憾的是，经过诊断，儿子的双手已经坏死，必须截去，否则还会有生命危险。百般无奈之下，孙师傅只好接受了医生的建议，儿子永远失去了双手。

看着病床上的儿子，孙师傅后悔不已，他心想："要是当时自己能冷静一点，不把这件事情无端放大，儿子的双手也就不会失去了。"

如果孙师傅当时能够再冷静一点，心胸更开阔一点，就不会把车上的划痕和自己的努力联系在一起，也就不会把儿子的错误在头脑中无限放大了。汽车的划痕可以通过喷漆进行修补，可是儿子的双手，却不会重新长出来。可见，在烦恼的上面加一把"放大镜"，结果只会让自己陷入更大的困扰当中。所以，当我们遇到烦恼的时候，应该就事情本身来思考，而不要给它加上一些联系不大甚至毫无关系的细节。因为时间是不会停止的，错误的决定一旦做出来，是没有后悔药可以挽救的。

在漫长的一生中，每个人都会经历病痛、孤独和绝望，当这些事情和情绪向自己奔涌过来的时候，我们应该做的就是冷静面对，不无端放大。如果我们抓着一件小事不放手，一直用它来折磨自己，那么我们的生活也会变成灰白色，看不到美好的未来。也许别人只是一句无心的问候，或者是一次不小心的碰撞，只要能够放开心胸，去包容别人，事情就会变得很容易。这样，不仅会让别人感到温暖，也会减轻自己的心理压力，不至于因小失大，造成不可挽回的后果。

不管我们有什么理由，抓着过去的或者已经发生的小事不放都是不对的。海纳百川，有容乃大。学会放下，既是善待别人，也是善待自己。从暂时的小矛盾中走出来，你就会发现，生活中值得我们快乐的事情还有很多。而那些烦恼，忧愁就像是毒素，在侵蚀着我们的身体，毒害着我们的血液。如果不及时清除，只会给我们带来更大的健康问题，甚至会危及到我们的生命。而清除毒素的一种极其重要的方法，就是学会放下，放下那些不愉快，放下自己的焦虑，放下那些无关的担忧，只有这样，我们才能顺利地走出困境，减轻心理负担，为生活重新找到快乐。

当你真正做到了这一点的时候，你就会发现眼界开阔了许多，并且自己也会变得更加乐观和幽默，性格也散发出了迷人的魅力。

3

小事一桩， 何必怒上心头

对于社会来说，每一个家庭就像是一个音符，只有当所有音符和谐地搭配在一起的时候，才能演奏出一曲动人的旋律；而对于一个家庭来说，每个人就像是一个小细胞，只有把人与人之间的关系处理得当，这个小家庭才能焕发出生机与活力。

我们常说“家和万事兴”。可见，在中国人的思想里，“和”不仅代表了人际关系的重要性，更预示着未来的良好发展。所以，和气、和谐在社会交往中是非常重要的。要想做到这一点，就要学会“不生气”的生活态度，面对一件件鸡毛蒜皮的小事，大可不必把它们放在心上，一笑而过，不仅能够及时地解决矛盾，缓解人与人之间的紧张关系，还能够显示出自己宽大的胸怀，赢得别人的尊重。

宋阳是一名公司职员，为了能够住得离公司更近一些，最近她搬到了市郊居住。新邻居是一位四五十岁的妇人。刚住进新家两天，宋阳就发现了新问题：隔壁邻居家的狗一到晚上就叫个不停，而且声音很大，吵得宋阳根本没有办法好好休息。尽管住的离公司近了，但是由于休息不好，接连几天的上班状态都是迷迷糊糊，为此还受到了领导的批评。

如何解决这个问题，让宋阳感到头痛不已。她越想越气：“不如直接过去和她大吵一架，干脆利索。谁让她家的狗整天影响我休息！”公司里的一位大姐看到宋阳的表情，便问她最近是不是遇到了什么难事。宋阳便一五一十地将这件事告诉了大姐。大姐想了想，说道：“这本来是小事一桩，不值得你为她发愁好几天，更不能想着要去和邻居大吵一架，那样只会让矛盾越来越深。我相信，只要你能够站在对方的角度去考虑问题，一定能够很好地解决这件事。”

第二天宋阳下班后，专门带着点心去看望邻居，邻居很惊讶，因为以前隔壁住的人都没有来看过自己。宋阳笑着说：“我搬过来好几天了，早该来看望您。而且我每天晚上都会听到您家的狗叫声，担心您家遇到了什么麻烦，如果需要的话，我一定会帮助您的。”邻居听了宋阳的话，不仅收下了点心，还留她在家里吃饭。自此之后，邻居家的狗再也没有在晚上叫过，两家的关系也相处得很融洽。

试想，如果宋阳真的和邻居大吵了一架，结果会怎么样呢？邻居一定会认为宋阳是没事找事，这样不仅没有把半夜狗叫的问题解决好，反而影响了两家的关系。在以后的生活里，宋阳肯定会遇到更多的麻烦。

中国有句俗话叫：“远亲不如近邻”。可见，邻里之间的关系是人际交往中的重要一环。很多时候，我们所烦恼的都是这些不值得一提的小事，然而那些小肚鸡肠的人，却会因为这些小事，破坏了本来很好的邻里感情，因小失大。其实，不仅邻居之间是这样，公司里上下级之间，同事之间，甚至和售货员、司机等都是这个道理。退一步海阔天空，如果能够用一颗包容的心去体谅别人，相信别人也会反过来体谅自己。

有一家住户发现自己的水管漏水，男主人马上给维修公司打电话，公司回答说会马上派人来修。可是等了大半天，也没个人影。快到中午了，才见到修理工不急不慢地走来。还没等修理工开口，男主人便很生气地说道："你看看，都几点了？我要投诉你！而且你要包赔我们家的损失！"听了这话，修理工也说道："着什么急？你以为就你一家有问题啊！我偏晚点来，看你怎么办！"女主人一看，两个人快要吵起来了，便上前劝到："来了就好，大家都挺忙的，互相体谅一下。而且有个好消息。""什么好消息？"男主人和修理工一起问道。"好消息就是，在等您的这段时间里，我们家的孩子，在水里都学会游泳了。"听了这个玩笑话，大家都笑了起来，紧张的气氛也顿时烟消云散了。

同样一件事，男主人和女主人的态度不同，得到的结果也不一样。对一件小事斤斤计较，不仅引来对方的反感，还给自己塞了一肚子怒气，而像女主人那样，豁达包容地去面对，既能够缓解矛盾，还能建立良好的人际关系。

所以，要想让自己生活得更快乐，就要做一个宽宏大量的人。面对一桩桩小事，不计较、不生气，用宽广的心胸去包容别人，相信这样做，一定会让自己和别人都感到快乐。学会宽容，并不代表着自己软弱无能。恰恰相反，这代表了自己的良好的涵养和修为。当我们看到一个女人为一点小事而吵个不停的时候，不管她的外貌有多美丽，别人对她的印象也会大打折扣。可见，小肚鸡肠的人，是不会受人欢迎的。所以，学会豁达地面对生活中的烦恼，会让自己的形象变得更好，也会让自己的生活变得更加轻松愉快。

那么如何才能培养出豁达的心胸呢？幽默就是一项不错的选择。学会幽默，能够让自己在矛盾面前放松心态，不至于过分生气而做出令人后悔的事来，达到了以柔克刚的效果。所以，要想成为一名有度量、有涵养的人，就去培养自己的幽默感吧。因为幽默本身，就代表了“不在乎”、“不生气”的生活态度。相信一个有幽默感的人，一定会生活得很快乐！

4

多一些磅礴大气，少一些小肚鸡肠

生活就像是一个五味瓶，酸甜苦辣皆有。每个人的一生中，不可能总是一帆风顺，也会遇到挫折，遇到失败。在面对苦日子的时候，如果能够多一点磅礴大气，少一些小肚鸡肠，不仅能够战胜眼前的困难，往往还会得到意想不到的效果。

刘国伟经营着一家砖厂，本来工厂的生意很好。可是由于一位新的竞争者的出现，导致产品出现了积压状况。刘国伟打听到，竞争对手在市场上散布谣言，说他的产品质量有问题，在销售中以次充好，欺骗顾客。这使得刘国伟的工厂声誉扫地。面对这种情形，刘国伟多次对自己的好朋友说：“如果可以的话，我真想用一块砖打得他脑袋开花。”

这位朋友看到了刘国伟心中的愤怒，便劝说道：“人生在世，不如意的事情十有八九。你又何必这样小肚鸡肠呢？如果你能够用一个包容的态度来看待这件事，一定会得到不同的效果。”

正好，刘国伟在安排自己的业务时，发现有一位顾客正要订购一批建筑用砖。可是，自己厂子生产的砖和顾客所要求的型号不一致。刘国伟想到，竞争对手那里的砖应该会符合这位顾客的要求。想到这里，刘国伟有些犹豫，“对方肯定还不知道这个消息。那我要不要告诉他呢？”想到了朋友的劝告，刘国伟给竞争对手打了一个电话，把这单生意介绍给了他。电话里，那位对手一句话也说不出来，刘国伟知道，那是感到羞愧的表现。

从这以后，市场上的谣言渐渐地消失了，而且自己厂子的生意还多了起来。原来，是那位竞争对手把自己的一些生意给了刘国伟的工厂。这样一来，本来是对手的两个人，变成了商场上的伙伴，生活中的朋友。

之所以能够取得这样的好结果，原因就在于刘国伟听从了朋友的劝告，打开了心胸，用包容的态度去面对自己的竞争对手。不仅成功地解决了矛盾，还交到了一个新朋友。可见，在遇到困难时，能够多想一想，用宽大的心胸去包容别人，不仅是给别人留下了余地，也是给自己创造了新的机会。

中国古人写过这样一副对联：“宠辱不惊，闲看庭前花开花落；去留无意，漫随天外云卷云舒。”生命是有限的，那些小肚鸡肠的人，总是把这有限的时间浪费在争吵和争斗上，这样自己怎么会生活得快乐呢？所以，不论是在工作中，还是在生活中，都要培养起自己大海一般的胸怀，用豁达的态度来笑看生活中的遭遇。

菲尔德是美国一位著名的实业家。他在19世纪中叶的时候，利用海底地缆成功地把欧洲和美洲两个大陆连接起来，这在人类史上还是第一次。很快，所有杂志、报纸、电视台等都在介绍菲尔德的功劳。各地都在请他做演讲，走到哪里都是被鲜花和掌声包围。一时间，菲尔德成了一位风云人物。可是，没过多久，海底地缆就出了问题。因为一些技术原因，造成电缆的信号发生了中断。这时，他的那些追随者们马上改变了态度，从称赞不断转变为苛刻的批评。不仅指责菲尔德是个大骗子，还说他这样做只是为了满足个人的私欲，那些反对的人还联合起来，要求菲尔德赔偿大家的损失。

面对这样天翻地覆的变化，菲尔德并没有因此变得消沉郁闷。相反，他认真研究技术，及时地解决了问题。不仅如此，他还用天空一样的心胸去包容他人。面对别人的误解和指责，他一笑了之。经过了这件事，菲尔德不仅成功地化解了矛盾，还赢得了更多人的尊重和支持。当欧美大陆的信息大桥真正建成时，所有人都在真心地为菲尔德庆贺。

试想，如果在海底电缆信息中断时，菲尔德因为大家的指责而斤斤计较，不是专心研究技术，而是去和那些人理论。那么，欧美大陆信息大桥的建成时间，可能会推迟好几年。正是因为菲尔德开阔的胸襟，才使他能够在大家的误解中，找到自己正确的方向。不仅实现了自己的梦想，也赢得了别人的尊重。

每个人的生活中，都会遇到成功和失败。当我们成功时，不应该骄傲自满，目中无人；当我们失败时，也不可以一蹶不振，自暴自弃。要学会用一种乐观的、大气的态度去面对生活中的各种问题，只有这样，才能在经历不如意时，找到自己的定位，成功突破自己。

面对挫折与困难，宠辱不惊、一笑而过是一种生活态度，更是一种处世智慧。诗人徐志摩曾说道："我将于茫茫人海中，寻访我唯一灵魂之伴侣，得之，我幸；不得，我命。"爱情如此，生活更是这样，只有用坦荡的胸怀去看世界，世界才会变得更辽阔，自己的道路也才会越走越宽。

在别人误解自己时，选择宽容对待，并不是胆小怕事的表现。宽容，体现出了一个人的度量和修养。"将军额前能跑马、宰相肚里可撑船"，说的就是这个道理。宽容，不是一种无节制的纵容，而是将心比心的理解和体谅。做到了这一点，才能够真正站在对方的角度去想问题，才不会在遇到一些鸡毛蒜皮的小事时斤斤计较，影响自己正常的生活。要明白，生命是有限的，不要将时间浪费着这些无意义的争吵中，那样不仅会破坏了自己的人际交往，还会毁掉自己的生活。

5

放下小纠结，追求大境界

在日常的生活中，总免不了会发生一些不愉快的小事。其实，这种情况下，双方都有一定的责任。学会宽容礼让，包容对方，就能够让事情得

到满意的解决。反之，则会让这件小事像一个雪球一样，越滚越大，最后不仅伤了和气，还让自己焦头烂额，筋疲力尽

遇到小纠结的时候，先冷静思考三分钟。在这三分钟里，你会对眼前的情况有个更清醒、更客观的了解，然后再去做决定。切不可还在气头上，就不计后果地与对方发生纠缠和争吵，那样只会两败俱伤。

我国民间流传着一个“六尺巷”的故事，说的就是包容礼让的道理。传说清朝时候，朝中有两位大臣，他们都来自安徽桐城。一位是宰相张英，另一位是姓叶的侍郎。两个人一起在朝中做官，又是同乡，所以交往甚密。有一次，张英接到了老家来的一封信。信中写道，张家和叶家是邻居，最近都要建新房，因为地皮的问题没有达成一致的意见，所以吵得不可开交。张家依仗着张英在朝中做大官，所以气焰嚣张。希望能让他出面，把地皮分到自己家里。

张英看了信，想了想，便提笔写道：“千里家书只为墙，再让三尺又何妨？万里长城今犹在，不见当年秦始皇。”这封信的意思是告诫家里人，遇到这种小事应该学会互相体谅，而不是为之纠结，争执不休。长城万里，今天仍然完好无损，可是谁又能看见它的最初修建者——秦始皇呢？张家人看了信，明白了张英的意思，为自己的所作所为深感羞愧，所以主动把房屋向后退了三尺。隔壁邻居看到张家人这样做，也为自己的不体谅感到脸红，于是也把房屋向后退了三尺。这样一来一去，就形成了一条新的六尺巷道。而这件事，也在当地传为美谈，大家都说，是张英的宽宏大量，让这件事有了个好结局。姓叶的侍郎听说了这件事之后，也更加敬重张英了。

很多时候，我们在生活中遇到的事情，就像张叶两家之间的地皮一样微不足道。一间房子，多了三尺，少了三尺，并没有多大的改变。如果学会相互礼让，就能够走出一条六尺巷道来，否则只会在这个小事情上纠结不休，不仅影响了建房的进度，还破坏了邻里之间的感情，真是因小

失大。

遇到这种鸡毛蒜皮的小事时，要学会忍让。忍，并不是因为胆小，更不是无能的表现。而是心胸开阔的人另有一番大境界，不会在这种事情上浪费时间和精力。多一分忍让，就多一分好人缘。人们常说，多个朋友多条路，人脉广泛，不仅证明了自己的人格魅力，更是事业取得成功的关键。而那些永远在纠结小事情的人，只会把自己封闭在一个小圈子里，坐井观天。

张兵是一位事业有成的企业家，谈到他的成功，是和一堂课分不开的。那是在读高中的时候，很多学生因为学习压力大，整日愁眉苦脸。一次月考中，张兵班里的很多同学都没有考好。交卷之后，大家心情低落地走出考场。接下来几天，他们班上课的气氛总是十分压抑，学生回答问题也不像过去那样积极了。为了改变这种状态，班主任王老师决定给同学们上一堂特殊的课。

这天，王老师上课时带着一瓶牛奶走进教室。他先看了全班同学一眼，然后把牛奶放在教室的水槽旁边。同学们都不知道王老师葫芦里卖的是什么药，低着头在座位上窃窃私语。这时候，王老师突然伸手把牛奶打翻在水槽里，玻璃瓶一下子就碎了。同学们静静地看着王老师，都想知道他为什么这样做。

王老师大声地说道："同学们，不要为打翻的牛奶哭泣！"有同学笑了，"我又不是小孩子，怎么会为了一瓶牛奶掉眼泪呢？"王老师听了这话，继续说道："在人的一生中，会遇到成千上万件不顺心的事情，这些事情中，有99%都是微不足道的小事，它们就像这瓶打碎的牛奶一样。如果你们不及时地认清事实，放下那颗纠结的心，就会沉迷其中，耽误自己其他的工作。这次的考试就是一瓶被打翻的牛奶，今后你们的工作也会是这个道理。要想成就一番大境界，就不要在小事上纠结！"听了王老师的话，同学们都重新认识到自己的目标。也正是因为这堂课，让张兵认识到，遇到让人头疼的事情并不可怕，可怕的是自己把大量的时间浪费在纠结忧虑上。那样不仅不能解决问题，还会影响自己接下来的工作。

不为打翻的牛奶哭泣，生活中，我们所遇到的，又何止是一件事、一瓶牛奶呢？人的一生，要走的路是很长的。只有减轻肩上的担子，才能用轻快的步伐迎头赶上。而这些纠结，郁闷，焦虑，就像是一个个的包袱，有些人把这些包袱全都背在身上，这样又怎么能走得快，走得轻松呢？学会放下包袱，放下争执，才能够与好心情做伴，欣赏沿途美丽的风景。

现代社会中，每个人所面临的压力都在日益增长。所以，我们要常常提醒自己，减轻压力，放空心灵。让自己的心胸像宽阔的海面一样，风平浪静；让自己的思想像广阔的天空一样，晴空万里。只有具备了这样的心态，才能够在纷杂的世事中，找准自己的位置，用信心和乐观面对前进路上的挑战。

6

别和他人发生无谓的冲突

郑板桥有一句名言："难得糊涂"，讲的就是学会心胸宽大，不要和别人发生不必要的冲突。要明白，"水至清则无鱼，人至察则无徒"，一个过于苛刻的人，总是会给别人和自己制造一些无谓的麻烦，到头来只会让朋友离自己而去，也让自己烦恼不已。

不论是在邻里之间，还是在同事之间，甚至是陌生人之间，多一点宽容，就能多一分和谐，少一点计较，自己就会少一点烦恼。针锋相对、咄咄逼人的做法，不仅容易伤害别人，也会损害自己的形象。

一位男子在饭店请几个生意上的合作伙伴吃饭。本来大家都很高兴，可是服务员上菜时，一不小心把一些汤汁洒在了这位男子的裤子上。服务员见状，马上找来餐巾纸为这位男子清理裤边和鞋子，一边擦一边不停地说："真是对不起，我不是故意的，实在是因为不小心才出了这样的错误，对不起，请您原谅。"结果，这位男子非但没有消气，反而更加大声地说道："小小的服务员，难道连上菜也不会吗？我的裤子和鞋子都是很贵的，你怎么走路也不长眼啊！"

听了这话，服务员只好连连赔不是，一个劲地道歉，可是这位男子却非要找经理来算账，闹得整个饭店的人都往这边看。

这时，他的合作伙伴说："谁都会犯错误，服务员也不是故意的，你又何必这样不依不饶呢？况且每个人都有尊严，就算他把你的裤子和鞋子弄脏了，你也不应该用那样的话去批评他。本来我还想和你继续合作下去，现在看来，没有那个必要了。我认为，没有宽广心胸的人，在做生意的时候也不是一个可靠的合作对象。"说完，这位朋友起身离开了。

因为别人一次小小的错误，就丢了自己的一单生意，实在是得不偿失，其实，很多时候，我们都会遇到这类事情。有些人会选择把小纷争放大，得理不饶人，最后闹得不欢而散，甚至损伤了自己的利益。而有些人却能够从另一个角度来考虑问题：既然事情已经发生了，我们何必斤斤计较呢？不如去包容他，体谅他，一来可以缓解矛盾，二来也能够体现出自己良好的修为，赢得他人的尊重。

生活中难得的不是小聪明，而是大智慧。有时候，这种大智慧，就是要靠"糊涂"表现出来。对于无伤大雅的小事，大可一笑而过，装装糊涂。过分地苛求他人，只会在伤害别人的同时，也伤害自己。

歌德是德国伟大的诗人，一次，他到公园里去散步。走着走着，迎面走来一位曾经对他进行过严厉批评的批评家。歌德看见了，本想友好地打个招呼。谁知，当这位批评家走到歌德的面前时，傲慢地说道："我从来不给傻子让路，所以，也别想让我给你让路！"听了这句话，歌德并没有生气，相反，他笑了笑说："哦？是吗？我和你恰恰相反。"说着，歌德向旁边退了几步，请这位批评家先走。这位批评家明知是自己不对，只好低着头赶紧走了。

可见，在小是小非面前学会忍让是多么重要。如果歌德和那位批评家一样小心眼，两个人谁也不让谁，只会把事情闹大，最后双方的好心情都会被破坏掉。而用这样幽默的做法，不仅化解了矛盾，还能让对方认识到自己的错误，何乐而不为呢？

宽容是一种气度，它所展现的，是一个人良好的修养和品德。那些斤斤计较、针锋相对的人，只会让自己出丑。而拥有宽广胸襟的人，则能够用以柔克刚的方法，把大事化小、小事化了。不仅能够维护对方的自尊心，与此同时，还为自己营造了良好的形象。这样，不仅是在家庭生活中，还是在事业上，都能够让自己得到更多人的尊重，也会为自己交到更多的朋友。

古人云："人非圣贤，孰能无过。"每个人都有犯错误的时候，当别人不小心冒犯了自己，或者伤害了自己，学会一笑置之，既是给别人退路，也是给自己留条后路。要记住，话不要说得太过，事不要做得太绝，否则，在自己遇到困难，或者犯了错误的时候，就很可能会受到别人"以牙还牙，以眼还眼"的对待了。

面对取舍，并不是非此即彼的选择。很多时候，我们放弃了争吵和计较，反而会得到理解和尊重。所以，只有那些真正懂得取舍的人，才是生活中的智者。一般人，总是会在鸡毛蒜皮的小事当中，贪图占一时的上风，结果反而丢失了别人对自己的尊重，在失败的时候输得更惨。而智者，看似暂时失去了一些东西，却往往会实现自己的大事业、大目标。

生活中的每一天都是生命的重要组成部分，只有把每一天过得开心快乐，人的一生才会轻松愉快。所以，当烦恼来敲门时，要想得开、放得下，学会在小是小非面前"装糊涂"，不让自己卷进那无休止的争吵和纠结当中，才是正确的生活态度。一时的忍让，并不会让自己被人看轻，反而会增加自己的人格魅力，更加让别人被自己所吸引。无论是在生活中，还是在工作中，人们往往更愿意和那些心胸宽大的人交朋友，这也就是为什么那些懂得宽容的人，能够在遇到困难的时候，得到更多人的帮助。所以请记住，宽容之心如金子一样珍贵，每个人都应该好好地珍惜它。

7

不要抓住对方的一次失误不放

如果有人问道，人与人之间为什么总会发生一些不愉快的矛盾呢？答案很可能就是，很多人会把那些难以释怀的失误放在心里，挥之不去。其实，只要心胸宽大，积极乐观，就能够在生活中发现乐趣，不会让自己的心背负太重的包袱。最重要的，就是要学会放下，不要总抓着别人一次错误不放，那样，自己的生活中永远也不会看到阳光。

在这方面，伟大的发明家爱迪生就曾经做出过很好的榜样。当时，爱迪生和他的助手连续工作了好几天，终于制作出一个成功的灯泡。爱迪生便派他的一个学徒将这个灯泡送到实验室去。由于这个学徒很年轻，还缺乏一定的工作经验。所以他一接到这个任务，心里就十分紧张，生怕把这个灯泡弄坏了。越是这样想，结果越容易出差错。刚接过灯泡，这位学徒的双手就抖个不停，结果，没走几步，灯泡就被掉到地上摔碎了。大家都看着爱迪生，以为他会严厉地批评这名学徒。没想到，爱迪生只是让这名学徒把地上打扫干净，别的什么也没说。

又过了几天，爱迪生又重新制作出了一个灯泡。令大家没想到的是，爱迪生还是选择那名学徒去送灯泡。他的助理很不理解地问道：“上次的灯泡就是被他打碎的，你怎么还让他送灯泡呢？你能够原谅他就已经很不错了，何必再让他执行这次任务了。万一灯泡又打碎了，我们岂不是白忙一场?”听了这话，爱迪生笑着说：“没错，上次的事情，这名学徒的确做得不太好，而且我也真的原谅他了。可是，原谅一个人，不是说说就足够了，我们还需要做出实际行动来，让他知道我们真的没有把那次失误放在心上，这样，他才能够轻松地完成接下来的任务。”果然，这次的灯泡被安然无恙地送到了实验室。

那些在生活中斤斤计较，抓住别人的小辫子就不放的人，真应该好好地向爱迪生学习。他之所以能够成为一名伟大的发明家，也是和他宽广的胸襟、豁达的生活态度是分不开的。宽容能够让人们在紧张的生活中放松身心，重新找回自信。人们都喜欢和豁达的人交朋友，原因就在于他们能够放下别人的过错，重新找回生活的乐趣。而不是把自己捆在一个小圈子里，变得越来越愤世嫉俗、咄咄逼人。

张奶奶是一位年近 70 的老妈妈。这一年，恰好是她和她老伴儿结婚 50 周年的纪念日。不仅来了很多亲戚朋友，还有很多刚结婚不久的年轻人也来向他们表示祝贺，同时也希望能够得到一点关于婚姻幸福的秘诀。当张奶奶站起来发言时，所有人都安静下来，只听见张奶奶说道：“和我丈夫结婚第一天开始，我就给自己定下了个规矩。那就是，我为他准备了十条错误，每当他犯了这十条中的任何一条时，我都会对自己说，没关系，原谅他吧，这正好是那十条错误当中的一条。”听了这话，很多女士问道，“那么这十条错误究竟是哪些呢?”张奶奶笑了笑，说道：“实话实说吧，我并没有具体地想过这些错误是哪些。只是在他犯了错的时候，我就会自动地把这次错误算在那十条里面。”

婚姻生活中，夫妻二人免不了要吵架斗嘴，想要在婚姻这条道路上走得长远，就要学会彼此原谅。当其中一方做了错事的时候，另一方如果能用一种宽容的态度来看待这件事，两人之间的矛盾就能够得到很好的解决。反之，两个人只会吵得越来越厉害，甚至会让这段婚姻走向尽头。

其实，不仅仅婚姻生活是这样，工作中，同学之间，同事之间也都是这个道理。学会互相体谅，用一颗宽容的心来对待别人，不仅是给别人一个改正的机会，同时也是锻炼了自己的包容之心。

美国著名的成功学家卡耐基曾经在他的书中这样写道：通过对那些成功人士的调查，我们发现，这些成功人士都有一个共同的特点，就是和他人保持着良好的人际关系。宽广的心胸，让他们能够结交到更多的朋友，这一点，在事业的发展中尤为重要。其实，不管是腰缠万贯的企业家，还是普通的老百姓，都需要有一个健康的生活心态。在别人做了错事的时候，用一个微笑、一句简单的话语，来熄灭那愤怒的小火苗，不至于让它愈燃愈烈，最后害人害己，得不偿失。

人非圣贤，孰能无过？知错能改，善莫大焉。每个人都有犯错误的时候，只要能够真心改正，就没必要紧抓着这一次的错误不放。争得面红耳赤，让别人下不来台，不仅会伤害到别人的自尊，也损害了自己的形象。如果大家都能够站在对方的角度去思考问题，那么这个社会上就会少一些争吵、少一点纠纷。

宽容让人心情开朗，一个懂得谅解的人，必定有一个乐观的、积极的生活态度。这种态度，不仅会帮助我们发现更多的乐趣，还能够为我们带来更多的朋友，从而形成一个良性循环。相反，如果对别人的错误耿耿于怀、永远不去原谅别人，不仅会让别人有压力，也会让自己的内心感到非常痛苦。久而久之，还会影响到身体的健康状况。所以，要想保持内心的平和与安宁，让生活充满快乐的色彩，就要记住“得饶人处且饶人”的道理。

第六章
DI LIU ZHANG

快乐不在于拥有的多，而在于计较的少

一个人之所以快乐，并不是因为他拥有的多，而是他计较的少。我们之所以会心累，就因为常常徘徊在坚持和放弃之间，举棋不定。我们之所以会痛苦，关键在于追求的太多。只有学会做心情的主人，才能够真正掌控自己的生活。

1

人之所以痛苦， 是因为计较得太多

人们常常会说这样一句话，之所以会不快乐，并不是得到的少，而是计较的多。确实是这样。如果一味地主动制造麻烦，给自己加包袱，又怎么会快乐得起来呢？只要学会“不在意”的生活态度，当面对那些负面信息的时候，能够一笑而过，置若罔闻。往往就不会让心情成为这些烦恼的奴隶。

每个人的时间和精力都是有限的，如果因为一点小事就耿耿于怀，烦恼忧愁，那么还会有剩余的精力来做其他更有意义的事情吗？心胸宽大的人，之所以能够做到“身稳如山岳，心静如止水”，就是因为他们懂得该如何取舍。不在意，就是告诉我们别为面子而活，也别为名利而活。有些人，因为一次的“丢面子”就郁郁寡欢，钻牛角尖；因为这个月的收入少了几百元，就闷闷不乐，做什么事也提不起精神，这些做法都是不健康的心理状态导致的。既于事无补，时间长了，还会影响自己的身体健康。所以，有些时候，我们看问题还真是需要一点“傻里傻气”，需要一点“糊涂”。

小刘家的冰箱这几天不知道怎么回事，启动之后就一直工作，还总发出嗡嗡的声音。对于别人来说，这算不了什么大事，找个维修工人，一两天修好就没事了。可是小刘是个小心眼儿的人。他多次对妻子说：“这可是托人从日本带回来的冰箱，质量肯定没问题。这回的毛病，要不就是电业局突然停电弄坏的，要不就是你在清洁冰箱时候弄坏的。”听了这话，老婆说道：“不管怎么样，找维修工人修好不就行了吗？”小刘马上回答说：“你懂什么，万一找来的是个二把刀，那我这冰箱不就坏得更厉害了吗?”老婆一看自己劝不了他，只好去找邻居老王大哥。

王大哥检查了冰箱之后，笑着对小刘说：“小刘啊，你家这冰箱是不错。可是再好的东西时间长了也会出毛病。你这冰箱都用了快十年了，容量又小，还是已经不生产的老型号。就算是卖给一个收旧家电的，也顶多卖出七八十块钱。你要是买台新冰箱，也花不了几百元。就因为这么一个老古董，你计较那么多，不值得啊!”听了这话，小刘心想：“王大哥说得对，因为一台旧冰箱生气，真是犯不上。”想到这，小刘马上向妻子道歉：“对不起，我不应该因为这点事就和你发脾气，以后一定改正。”看到小刘认真的表情，妻子的怒气也全消了。

在我们身边，像小刘这样的人还有很多。对一些鸡毛蒜皮的小事斤斤计较，甚至还向别人乱发脾气。不仅伤害了别人，也给自己带来了痛苦。问题会给你带来糟糕的情绪，可是这种负面的情绪却不能解决问题。如果一个人连自己的情绪都控制不了，那还怎么去做好其他的工作呢?

要想控制好自己的情绪，首要一点就是不要计较得太多。生活中，得失是免不了的。面对得失，聪明的人会想到“塞翁失马，焉知非福”这个道理，而那些小心眼的人，则会陷入怪圈里，得到了，就欣喜若狂，失去了，就悲伤至极。这样，不仅让自己沦为了心情的奴隶，还会影响自己的人际关系和身体健康。所以，学会用一颗平常心来看世界，得之淡然，失之坦然，才能够让自己拥有更多的快乐。

某市的官方网站上最近发布了一则招聘公告。阿宾和阿伟是两个好朋友，他们都看到了这则公告。于是他们一起报名参加了招聘考试。没过几天，该网站上就公布了考试的成绩。阿宾和阿伟都通过了笔试，两个人约定要好好复习，不到最后一刻绝不能放弃，争取都考上。又过了两个星期，录用人员的名单公布了，遗憾的是，只有阿伟一个人考上了，而阿宾仅仅因为三分之差，没有被录用。

看到这则公告，阿伟心里不知道怎么办才好：“我还要不要通知阿宾呢？他没有考上，心里一定很不高兴，我该怎么安慰他呢?”正想着，阿宾打来了电话，电话里，阿宾高兴地说道："恭喜你啊，好朋友！你能考上我真是太高兴了！"阿伟刚想说什么，就被电话那头打断了："别想太多，我还会继续考的，相信我，下次我一定能考上，成为你的新同事！现在你被录取了，这也算是一件大喜事，今天你可得请客啊！"听了这话，阿伟知道阿宾并没有因为这次的失利而耿耿于怀，这才高兴地笑了。

阿宾之所以没有沮丧，就是因为他懂得，面对得失要学会"不在意"的处理方法。事情的结果已经决定了，自己再纠缠不休，又有什么意义呢？生活还是会继续下去，难道就因为这一点鸡毛蒜皮的小事，就要让自己的生活变得灰暗吗？那样太不值得了。

想要快乐的生活，就要做一个大度的人，中国有一幅有名的对联，是这样写的：大肚能容，容天下难容之事；笑口常开，笑世间可笑之人。说的就是这个道理。心胸宽大，能够让自己以一个智者的姿态来面对成败得失；而计较得太多，不仅于事无补，还会让自己失去的更多。

想要快乐地生活，还要学会做一个厚道的人。邻里之间，朋友之间，同事之间，免不了会发生一点小矛盾，如果因为这样，就在背后捅刀子、下绊子，不仅会让自己失去朋友，也会损害自己在别人眼中的形象，最终还是给自己找了麻烦。

所以，想让生活变得更快乐，就要学会不计较、不在意，这样才能真正成为自己生活的主人。

2

没有不快乐的人，只有不快乐的心

快乐不仅仅是一种心情，更是一种选择。当我们遇到困难、挫折和失败的时候，我们面前往往摆着两条路：一条通往抑郁、烦闷，另一条则通向乐观、积极。我们会有什么样的心情，很多时候，都是自己选择的。人的心，是世界上最脆弱的，同时它也是最坚强的。所以，学会在孤独彷徨时，锻炼自己的心智，是尤为重要的。

2008 年，奥运会在中国北京成功举办。桑兰，就是这次奥运会的申奥大使之一。很多人不知道，这个面带阳光微笑的女孩，曾经遭遇过怎样的挫折。

桑兰，原本是中国女子体操队的队员。从 1993 年进入国家队开始，她屡屡获奖，多次在国际比赛上取得令人骄傲的好成绩。很多人都说，这个女孩将来一定能够成为中国的骄傲，为中国在奥运会赛场上拿到金牌。可是谁都没有想到，在 1998 年，桑兰的命运遇到了一个重大的转折点。

那一年，桑兰代表中国参加了在纽约市长岛举办的友好运动会。正当她为金牌奋力拼搏的时候，却不料重重地摔了一跤。现场所有人都惊呆了，不知道这对桑兰来说会意味着什么。没过多久，就有消息报道说，桑兰由于脊髓受到严重损伤，导致瘫痪。今后不仅不能够继续参加比赛，还有可能会永远躺在床上。

听了这个消息，很多人都为她感到惋惜，大家都说，对于一名运动员来说，如果不能继续比赛，那么她的人生也就几乎是走到尽头了。桑兰的心里也非常难受，她想："以后要永远和赛场说再见了，自己的运动生涯到此为止了，那么自己还能够做什么呢？难道要永远躺在病床上，让别人来照顾自己的吗？"意志坚强的桑兰当然没有那样做，没过几天，她就重新展露出微笑，暗暗告诉自己："不能放弃！我要选择快乐坚强地生活！"经过一段时间的锻炼，她的身体得到了很好的恢复，于是她走下病床，开始用自己的力量去支持中国申办奥运会。很多人都被她那阳光一般的笑容所感动。

经过这样大的挫折，桑兰依旧是那个自信乐观的阳光女孩。和她的事情比起来，生活中的那些鸡毛蒜皮的小事又算得了什么呢？很多时候，我们并不是被困难所打垮，而是成为了悲观消极心理的手下败将。在悲观者的眼中，所有事物都是让人难过的，即便是灿烂的阳光，也不能让他们感到快乐。这种生活态度，既是不正确的，也是不健康的。

悲观、快乐、消极、积极这些不同的心情，就像是摆在自己面前的一条路。最终会走到哪个目的地，得到什么样的心情，完全是由自己选择的。在人生旅途上，每个人都会遇到失败，都会经历一些挫折，如何面对它们，则体现出了一个人的人生智慧。我们不能够选择命运，但是我们可以选择快乐。因为快乐不是由上天赐予的，而是自己创造的。

王涛是一个建筑工地的普通工人。尽管每天的生活非常辛苦，但是王涛总是高高兴兴的，就算遇到了什么困难，也从不郁闷烦恼。

有一天，当王涛正在认真干活的时候，由于别人的工作失误，一块玻璃从天而降，正好砸到了他的头上。他的头顿时血流如注，还有一些玻璃碎片插进了他的头里。大家连忙把他送到医院，经过几个月的精心治疗，王涛又重新回到了工地上。

一位工友见到他，便问道他的身体情况怎么样。王涛笑呵呵地说："没事了，就是头发被剃掉一大块，不太好看。对了，你要不要看看我的伤疤，这可是过期不候啊!"这位工友不解地问道："遇到这么大的事，你怎么还能这么快乐?"王涛说道："为什么不快乐呢? 当我被玻璃砸中的时候，我就知道自己只有两个选择，要么活下来，要么就此放弃。我当然会选择活下来了。躺在手术室的时候，我看到所有医生和护士的表情都很悲观，于是，我决心想个办法来改变他们的想法。""那是什么办法呢?"工友问道。

王涛笑着说："当一位护士问我，是否对什么东西过敏时，我深吸一口气，大声说道：'我对头上的玻璃过敏!'这下子，所有的医生和护士都笑了，然后我又接着说：'请你们尽力医治我，我一定会活下来的!'结果，手术很成功。在康复期间，医生还常常来看望我，给我打气鼓劲。"

王涛之所以能够活下来，一方面，是与医生高明的医术分不开的；另一方面，他自身乐观积极的态度，也帮他得到了更快更好的恢复。如果换做是一个悲观的人，很可能还没送到医院，自己就已经放弃自己了。可见，乐观积极的生活态度是多么的重要。

生活就像是一面镜子，你对着它笑，它也会用微笑来回应你；你对着它愁眉苦脸，那么你所看到的，也会是一个令人不愉快的表情。快乐的心情，不会自然地产生，更不能等待别人的赐予。只有自己打起精神，才能够扬起风帆，顺利远航。

快乐是会传染的。当你是快乐的时候，身边的朋友也会变得积极，他们会更喜欢和你在一起，相反，当你悲观绝望的时候，你会看谁都不顺眼，大家也不愿意和你多待一分钟。要记住，这世上，没有生下来注定不快乐的人，只有不愿意选择快乐的心。快乐还是难过，全由你来定。

3

心中无事一床宽，凡事不必太较真

在《本周》杂志中，安德烈·摩瑞斯曾说过这样一段话：“我们生活在这个世界上只有短短的几十年，却常常因为一点小事就感到心烦意乱，浪费掉许多珍贵的时间。其实，我们应该把时间用在那些更有意义的事情上。”生命是短暂的，要想生活的更快乐、更有意义，就应该用一颗宽容的心来看待那些鸡毛蒜皮的小事。只有做到不较劲、不较真，才能活得豁达，心中干净坦荡。

刘然和张强是大学同学。毕业后，两个人又到了同一家公司工作。由于两个人年龄相仿，又曾同窗，所以很快就成了别人羡慕的一对好朋友。可是，慢慢地，小心眼儿的刘然对张强处处看不顺眼。张强有时候喜欢看一些武侠小说，刘然就说那是浪费生命，张强有时候喜欢开开玩笑，刘然就说那是嬉皮笑脸的表现。

有一次，张强去外地出差。回来的时候由于公交车上的人太多，稀里糊涂地忘了买票。张强也没把这件事情放在心里，还跟别人开玩笑地说道："咱们也算是逃了一回票，体验了一回刺激的感觉。"谁也没把这件事当真，可是，刘然知道了，却在公司里说："有的人人品有问题，还不知羞耻地到处炫耀，真是不害臊！"张强听了，再也忍不住，就对刘然说："请你尊重别人，不要不明情况就胡乱批评。你以为自己很高贵，其实还不是和大家一样。"两个人越说越生气，决定从此之后谁也不理谁。果然，从那时候起，刘然和张强就再也不来往了，就算是走个对面，也不打招呼，低着头各走各的。

本来是一对无话不谈的好朋友，结果却因为一点小事就变成老死不相往来，实在是不值得。对自己严格要求是好事，但是不应该用一种苛刻的态度来对待别人。喜欢看武侠书，也是一种个人爱好，刘然却说是在浪费生命，这就是在小事上太较真的表现。而从张强的角度来说，别人随意指责自己，尽管会很生气，可是如果选择用一种宽容的态度来对待他，不仅能够缓解两个人之间的矛盾，还能够为自己树立起更好的形象，赢得更多人的尊重。

很多时候，容易引起人们愤怒、焦虑情绪的，并不是什么大事，反而都是生活中一件件不值一提的小事。如果太斤斤计较，就可能因为别人的一句话，或者是一个表情、一个动作而耿耿于怀。这种生活态度，不仅会让别人感到莫名其妙，也会给自己带来巨大的压力和痛苦。生活也会因此失去光彩，所以，要想快乐地度过每一天，就要学会控制自己的情绪，放宽自己的心胸。

赵玲是一位刚结婚不久的女孩。这天，她又因为一点小事和婆婆吵了起来。一气之下，她就摔门出去了，找到她的好姐妹徐莹那里，准备好好地诉诉苦。不巧，徐莹正在忙着做家务，所以，赵玲就和徐莹的婆婆聊了起来。

赵玲愁眉苦脸地说："在家里待着整天生气，我婆婆做菜又难吃，还整天唠唠叨叨，真是受够了。"听了这话，徐莹的婆婆说："我这个儿媳妇可是糊涂得很，我做的菜明明没放盐，她还说好吃了。"过了一会，徐莹问婆婆说：“妈，您看见我衣服了吗？我要洗衣服，怎么也找不到了。”她婆婆好像刚想起来一样，笑着说道：“你瞧我这记性。刚才糊里糊涂地把你衣服给洗了。”徐莹听了这话，会心地笑了。

坐在一边的赵玲这才明白，为什么婆婆刚才说徐莹“糊涂”了。她赶忙回家，一进门就向自己的婆婆道歉，说是自己脾气不好，今后一定改正。从这以后，赵玲也学会了“难得糊涂”，遇到一些小事也不再斤斤计较了，一家人的生活变得和谐多了。

生活在同一个屋檐下，难免会有磕磕绊绊。如果因为一点小事就挑起家庭战争，伤了和气不说，久而久之，还会影响自己的身心健康。徐莹正是因为懂得这个道理，才能够在小事上不计较，放宽心胸，和婆婆和谐相处。相反的，赵玲刚开始之所以会整天生闷气，就是因为不懂得“难得糊涂”的道理。学会了这一点，生活也就变得容易得多，快乐得多了。

家庭生活是这样，在其他时候又何尝不是这个道理？工作中，同事之间也大可不必太精明，账算得太清有时候反而不是好事。俗话说得好，金无足赤，人无完人。懂得包容别人的缺点和小错误，也是一种美德。在人与人之间的交往中，学会用放大镜来看别人的优点，才能够让人际关系变得和谐融洽。反之，什么事情都斤斤计较，到头来最不快乐的人其实是自己，这些沉重的心理负担就会像一座大山一样，压在自己的胸口上，让自己寸步难行。

人生旅途就好像是一列正在行驶的公交车。要想让车子行驶得又稳又快，除了要有足够的动力燃料，还要懂得用适量的润滑油，而宽容就像是润滑油那样，能够减少人际关系的摩擦，让交往变得更加轻松自在。

学会做一个生活中的智者，就要用一种恬淡无为的眼光来看世界。像庄子那样，虽然身处在喧闹的尘世中，却能够保持内心的宁静，过一种悠然自得的生活。其实，现代社会中的我们，也完全可以把生活变得更有趣，只要能够打开心胸，挣脱心灵的束缚，就能够成为一个潇洒的、快乐的活神仙。

4 对别人的批评和指责不要太在意

有人说，人活在世上，无非是说说别人，被人说说而已。有的人就是把别人的批评和指责太当回事，反而让自己的生活变得更加别扭和为难。其实，真正的自信，就是要勇敢地自己所认定的方向走下去，不朝把别人的指责当做路标。否则，最终只会走上一条和自己方向相反的路。

吕燕，作为一名国际知名的模特，她的长相并不算是传统意义上的美女：小小的眼睛，高高凸起的颧骨，没有笔挺的鼻梁，只有满脸的雀斑。因此，在她刚刚进入到大众视野的时候，遭到了很多人的质疑，甚至是嘲讽。很多人都说："如果这种长相也能当上世界名模，那么任何人都能走T台了。"可是，吕燕并没有把这些嘲讽放在心里。而是用坦然自信的态度来面对大众。因为倔强的她知道，一味地生气并没有用，如果把太多的心思放在反驳上，就等于是在浪费自己的时间和感情。倒不如心胸坦荡地走自己的路，还有可能会赢得成功。

果然，吕燕成为了中国第一个走向世界的名模，也是国内获得荣誉最多、知名度最高的模特。在2009年的"60年中国十大风尚影响女性"的评选中，吕燕被评为新中国60年10大时尚人物，而且她也是这次评选中唯一入选的女模。

吕燕成功之后，又有人这样评价她："她的美不同寻常，是一种兼具了天使的纯洁和魔鬼的野性之美，她那性感的嘴唇和高挑的身材，使她能够在T台上大放光芒，无人能敌。"不管是嘲讽，还是褒扬，吕燕都淡然处之，不为所动。正是因为这种"不在意"的态度，才让她能够在自己的道路上越走越远。

其实，每个人都是平凡的，每个人也都有自己独特的优点。特别是在长相上，有句话说得好，“情人眼里出西施”，喜欢自己的人自然不会太介意自己的外表如何，所以完全没有必要因为别人的指责感到烦闷、苦恼。只有像吕燕这样，不论别人对自己的长相是称赞还是批评，都坦然面对，坚持走自己的路，才能够走得长远，内心也才能够安稳。

人们常常说：“萝卜白菜，各有所爱。”一个人，不可能会得到所有人的称赞，当然，也不可能遭到所有人的批评。正确地面对别人的意见，才能够快乐地生活。如果总是靠别人的意见在做事情，就会像那匹要过河的小马一样，一步也迈不出去。到最后，甚至会变得连自己都不认识自己了，因为你总是活在别人的眼中，却没有听见自己内心真实的想法。

在一次公司组织的宴会上，阿丽认识了一位男士。这位男士谈吐不凡，做事彬彬有礼，阿丽一下子就对他产生了好感。两个人聊得很投机，在宴会结束时，还互相留了电话号码，约定今后一定要继续保持联络。

几天之后，阿丽拨通了那位男士的电话，却没有人接。于是阿丽在电话里留言，希望对方能够给她回个电话。阿丽的朋友知道了这件事后，嘲笑地说道：“你可真傻，现在社会上什么人都有，亏你还会相信一个陌生人。我劝你还是早早地断了这个念头，别指望他能给你回电话了。”可是，阿丽并没有因为朋友的指责就改变自己的想法。通过聊天，阿丽相信那位男士不是那种“花心大萝卜”。于是，在一个星期之后，阿丽再次拨通了对方的电话，却还是没人接。朋友对阿丽说道：“我都给你说过了，你别不相信。到时候有你好受的！”阿丽坚信自己的观点是正确的，所以没有把朋友的冷言冷语放在心上。一个月之后，那位男士终于给阿丽打来了电话，原来，在宴会之后，他就到外地出差了，所以错过了和阿丽的联络。后来阿丽和那位男士的关系又有了进一步的发展，最终成了一对幸福的夫妻。

如果在一开始的时候，阿丽就因为朋友的嘲笑而放弃，很有可能就会错过这一段美好的爱情。其实，在很多时候，别人说的话并不是最重要的，如果自己有足够的自信心，就能够在这些批评中找到自己的判断，而不是“随风倒”。生活中，这种烦恼可以说到处都有，关键就在于自己如何来对待它。那些容易跟着别人的步伐走的人，就会放弃自己的选择，最终走上了一条背离自己方向的道路。而那些自信、坦然的人，就会在这繁多的意见中，倾听自己内心的声音，做出自己最想要的判断。

很多鸡毛蒜皮的小事，本来是不值得人们为之烦恼焦虑的。可是，由于我们把别人的意见看得太重，将那些无关的表情和动作在脑海中无限放大，结果就让一件件芝麻大点的小事，变成了令人头疼的大事。

每个人都希望能得到所有人的欣赏，可这是一件不可能的事。如果纠结于此，只会让我们的心变得负担更重。因为我们都是生活中的平凡人，不论是在长相、还是在工作上，都难以让万众瞩目。当然，我们可以通过自己的努力，来让身边更多的人喜欢自己，但是要记住，千万不能过度追求别人的欣赏，否则就像是给心加上了一条锁链，将轻松快乐锁在了外面。

有人曾说过这样一段话：“当我二十岁的时候，我很在乎别人如何看我；当我到了四十岁的时候，我就不那么看重别人的意见了；直到我活到六十岁，我才发现别人根本没有看过我。”可见，放下那些无谓的指责，做真正的自己才是最关键的。

5

不做无谓的比较，心胸开阔才能淡定自若

中国道家的创始人老子曾经说过，“夫唯不争，故无尤”。意思是说，只有自己心胸开阔，不在小事上与人相争，才能做到真正的强大，天下也没有谁能够和自己相争。生活在现代社会中，人们的压力越来越大，也有

越来越多的人被虚名浮利蒙蔽了心智，丢失了内心的平和。

与人比较是社会上一种常见的心理，但是有句话说得好：“人比人得死，货比货得扔。”那种为了争抢上风的比较，不仅不会给人带来前进的动力，还会让人为了一点小事吵得面红耳赤。这其中，就是嫉妒心理在作怪，如果能够心胸坦荡，远离这些无谓的纷争，就能够保证内心的安宁，寻找到生活中真正的乐趣。

刘红和宋刚是一对新婚不久的小夫妻。可是最近一段时间，两个人却总是因为一点小事吵架，闹得很不愉快。原因就在于，刘红总是把宋刚和别人做比较，常常用宋刚的缺点去比别人的优点，这让宋刚很不高兴。

其实，在谈恋爱的时候，刘红是一个温柔体贴的女孩，总是处处为宋刚着想。刚开始，两个人的工资不高，刘红过生日的时候，宋刚只能买一个最小的蛋糕送给她。可是，刘红却觉得这是世界上最温暖的礼物，还埋怨宋刚乱花钱。

可是，不久前，刘红参加了一次同学聚会。当听到别人都已经住上别墅，开上私家车的时候，她的脸一下子就红了起来。刘红心想：“早知道就不来了，省得在这里丢面子。”回到家，宋刚问她：“聚会玩得开不开心?”，刘红正好一肚子气没处撒，于是大声说道：“好玩什么！都怪你没出息，现在我们住在这么个小房子里！你瞧瞧人家，阿金已经住上别墅了！阿凤也开上小汽车了！就只有我，嫁给你只能过这种穷日子!”宋刚听了这话，半天没有说话，过了一会他想安慰刘红两句，便说道：“何必跟别人比呢？我们过自己的日子，不是也很开心吗?”“哪里开心？以前我是不知道，现在我才知道，自己原来这么寒酸!”刘红生气地说道。听了这话，宋刚也生气了，大声说：“怪我没本事，你去看看谁有本事，就直接跟谁走!”结果，两个人越吵越生气，声音也越来越大。隔壁邻居听见了，过来劝了好半天才让这场“战争”停火。

本来是一对非常幸福的小夫妻，就是因为和别人比较，结果破坏了和谐的家庭关系。其实，生活中，家家有本难念的经。能住上大房子，并不等于生活一定幸福。刘红错就错在只看到别人家的好处，却没看到别人家的矛盾。要知道，知足才能常乐。如果没有一颗懂得知足的心，就是给你再多的财富也不会感到快乐。而这种无谓的比较，就是获得快乐的最大阻碍。

小凡是一名刚刚参加工作不久的年轻姑娘。每个月挣的工资并不高，可是在花钱上却是大手大脚，每次到了月底，都要为所剩不多的生活费发愁。一次，她和同事一起去逛商场。两个人都看中一件款式新颖的风衣。这时候，小凡心想："平时在公司里，大家都因为我是新来的，就对我不重视。如果我比他们穿的都阔气，一定会让他们刮目相看。"于是，尽管小凡这个月的生活费已经所剩不多了，她还是毫不犹豫地花了好几百块钱买下了那件风衣，觉得在同事面前出尽了风头，真是挣了一回面子！

第二天，她就穿着这件新风衣到公司里，还到处拿别人的衣服和自己的比较，如果谁说她的衣服不如别人的好看，小凡就闷闷不乐，背后还会说那个人"真是没眼光"。

这种无谓的比较，让小凡每个月都过得紧巴巴的，而且，时间久了，她也从心里感觉到疲倦，如果没有什么可以和别人比较，她就会觉得生活没有乐趣。而在工作上，她反倒是马马虎虎，不认真对待。一年之后，领导看她在工作上还是没有进步，并且常常消极怠工，就把她辞退了。

其实"比较"也分好坏。良性的竞争意识，不仅能够帮助自己认识到自身存在的缺点，还能够激励人们继续前进，争取获得更好的成绩。而那些有破坏性的比较，则会让人们忘了自己的本职工作，只是一味地想要挣回面子，抢别人的风头。这种比较，不仅会影响到其他有意义的工作，还会让生活失去原有的色彩和快乐。如果小凡能够及早地认识到这一点，就不会把全部的心思放在穿衣打扮上，而是会努力提高自己的业务能力，这样才能获得别人真正的重视和欣赏。

"临渊羡鱼，不如退而结网。"想要让自己的生活变得快乐，就要把心态放平。与其在一旁羡慕别人，生一肚子闷气，倒不如好好经营自己的生活，不断完善自我，得到自己想要的幸福。那些无谓的比较，说到底，都是嫉妒之心在作怪。黑格尔曾说过：“嫉妒是平庸的情调对卓越才能的反感。”一个心胸开阔的人，看到别人幸福、成功，不仅不会暗自生气愤怒，还会从心里为别人高兴。因为他们能够正确地认识自己，也能够正确地看待自己和别人的差别。

常言道：“心底无私天地宽。”学会放平心态，才能够在看到自己和别人的差距时，坦然自若，选择正确的应对方法。否则，就只会让嫉妒之火破坏自己本来平静的生活。做一个心胸开阔的人，一个知足常乐的人，才能够时时刻刻发现属于自己的幸福。

6 原谅他人的伤害，从怨恨中解脱出来

《圣经》里写着这样一句话：“拥抱你的仇人。”要做到这一点的确有些不容易，因为有人的地方，就会有矛盾。如何化解矛盾，不仅是一门学问，更是一个人度量和心胸的体现。当别人伤害了自己的时候，如果能够“得饶人处且饶人”，用一种宽容的心胸去原谅他们，就会让自己少树敌、多交友，获得更好的人缘。

原谅他人的伤害，不是胆怯，更不是窝囊懦弱的表现，而是懂得包容的人生智慧。法国作曲家福莱曾经说过：“一个不肯原谅别人的人，就是不给自己留余地，因为每一个人都有犯过错而需要别人原谅的时候。”可见，懂得原谅才能够让自己的生活变得更加快乐，如果一味地生活在怨恨当中，只会让自己变得越来越痛苦。

王阿姨今年有五十多岁了，她整天闷闷不乐，有时候还会一个人在家

里偷偷流眼泪。原来她的儿子在17岁的时候，被社会上的几个不良少年给打死了。从那时候开始，王阿姨一看到大街上的小混混，就恨不得上去打一架，甚至还在心里想："如果不是你们这样的人，我的儿子还会生活在我身边。真想把你们一个个都杀死！"

王阿姨的一个好朋友看到她这样，很为她担心。于是就陪她一起去看了心理医生。在医生的帮助下，王阿姨参加了一个社会公益活动，需要每个星期抽出一天时间去少年犯罪中心，帮助那些犯过错误的孩子们。刚开始的时候，王阿姨心里十分抵触这件事。她一看到那些孩子，就会想到自己的儿子，心里非常痛苦，并对眼前的孩子们充满了怨恨。

后来，王阿姨的朋友对她说："你的儿子已经离开了，你这样每天闷闷不乐也无济于事。倒不如放开胸怀，原谅那些曾经伤害过你的人，这样你才能活得更加安心。"听了朋友的话，王阿姨开始试着去接受这项公益活动，有时候还会对那些孩子展露微笑。经过一段时间，那些孩子们都叫她"妈妈"，王阿姨的心情也变得好多了，觉得生活又有了新的意义。

原谅别人的同时，其实也是在给自己打开一条新的路。如果总是不能用宽容的心胸去对待别人，只会让自己生活在黑暗里，看不到外面的阳光。那样，其实最痛苦的还是自己。王阿姨的生活之所以能够变得比以前快乐，就是因为她能够放下过去的怨恨，重新开始迎接新的生活。

生活中有很多小事都是这样。"忍一时风平浪静，退一步海阔天空。"选择原谅，并不会降低自己的身份，损伤自己的自尊。相反，还能够提高自己的个人魅力，赢得别人的欣赏和尊重。如果积怨过多，你给我使个绊子，我就给你下个圈套，冤冤相报，又何时才能了呢？

王芳和姐姐从小就互相看不顺眼，一直打打闹闹。吃饭的时候，王芳会故意少拿一双筷子，有什么好吃的，也是自己偷偷藏起来，从不和姐姐分享。有一次，两个人为了争夺一本漫画书，又吵了起来。愤怒的王芳，还把姐姐的胳膊抓破了。爸爸知道了这件事情之后，狠狠地批评了王芳，从此，王芳的心里更是对姐姐百般怨恨了。

相反，姐姐看到爸爸批评王芳之后，心里并没有多高兴，反而自责自己太小气了，不应该为了一本书和妹妹发生冲突。从那以后，姐姐有什么好吃的、好玩的，总是第一个想到王芳。刚开始的时候，王芳还说姐姐是“假惺惺”地在演戏，后来，看到姐姐是真心地想要和自己化解矛盾，也开始变得宽容多了。一天，姐姐新买了一本漫画书，就对王芳说：“这是新买的书，你先看吧。”王芳却笑着说道：“你是姐姐，我是妹妹，还是你先看吧。”爸爸看到两个人相处得这么融洽，也高兴地笑了。

想要让别人改变对自己的态度，首先就要从自身做起。用一颗宽容的心去包容别人，对于别人的伤害，也要学着睁一只眼闭一只眼。因为，只有懂得宽恕的人，才能够得到真正的幸福。王芳和姐姐，从打打闹闹到和谐相处的转变，就说明了原谅的重要性。其实，对于生活中的这些小事，我们大可不必将它们放在心上，只有看得开，放得下，不斤斤计较，才能够将矛盾彻底解决掉。

现代社会中，生活节奏越来越快，每个人的压力也越来越大。要想获得内心的宁静，就要懂得宽恕的重要性。怨恨，就像是一把铁锁，把自己困在一间看不见光亮的小屋子里。只有放下心中的怨气，从黑屋子里走出来，才能够看见蔚蓝的天空。确实如此，自己在一旁生闷气，对方并不会因此而感到自责，反而是自己的负担会越来越重，像有一块大石头压在自己的胸口上，让自己喘不过气来。从某种意义上说，选择原谅，就已经是一名胜利者了。

当然，原谅并不是说对所有的错误都一味地纵容，而是要我们学会将心比心地去理解别人。只有互相体谅，才能够做到严于律己，宽以待人。要知道，别人不是自己，不可能事事都顺着自己的意思，所以，不要用放大镜去看别人的缺点，不要对别人太苛求，那样只能破坏掉自己的好心情。要知道，宽恕和原谅，是赢得“人和”的重要环节。

7 别对生活苛求太多，生活才会充满惊喜

智慧的人往往能够在平凡的生活中发现快乐，而愚蠢的人则会把自己的日子变得一团糟。这其中，有个重要的原因就是，那些智慧的人，往往懂得降低对生活的要求，用宽容的心胸来面对困难和不顺。要知道，对生活要求得太苛刻，就是在给自己找痛苦。因为，好运不可能永远伴随你，只有放宽心胸，才能够知足常乐，发现生活中的小惊喜。

总是有人这样说："等我有一幢属于自己的大房子，我就会变得更快乐；等我有一辆属于自己的小轿车，我就会变得更快乐；等我有足够的钱周游世界，我就能变得更快乐……"殊不知，快乐不能等你把所有条件都具备之后，自动来到你身边。所以，要想让自己的生活充满幸福的阳光，就要学会自己去发现乐趣。

老张今年快60岁了，他操劳了大半辈子，供儿子读完了大学。现在儿子不仅事业有成，还娶了一位漂亮的妻子，过着非常幸福的生活。老伴去世之后，老张一直一个人过日子，所以他想："不如和儿子商量一下，我和他们一起生活。"于是，他就给儿子写了一封信，说明了自己的想法。等了两个星期，终于收到了儿子的回信。老张急忙打开，没想到，信里写的是："爸爸，感谢您养育了我。但是由于我们的生活习惯有很大的不同，所以我们不希望你搬来和我们一起住。随信寄上五万元的汇款单。您放心，在经济方面，我们一定会尽自己所能来回报您的。"看完信，老张伤心了好几天，也没心思好好吃饭，整个人都瘦了一圈。

他的好朋友老李知道了这件事，就来劝他："老张啊！咱们都活到这

岁数了，你怎么还想不开。自己的日子自己过，你这样愁眉苦脸的，对你有什么好处？倒不如放宽心胸，自己找点生活的乐趣。”老张听了朋友的劝告，也不再对这件事耿耿于怀了，而是约上了几个好朋友，开始到处旅游。在旅途中，不仅消除了他的烦恼，还让他的生活变得更加充实。

在这个社会中，有很多这样因为儿女不孝而伤心的老人。儿女的这种做法确实让人气愤，可是作为老人来说，整日闷闷不乐，难道就能够解决问题吗？如果他们能够像老张一样，放下那些烦恼，打开心胸，就能够让自己的生活变得更快乐，也更有意义。

对于生活的小事，不必太过较真。要求得过分苛刻，最终只会让自己的日子变得灰暗。美国著名的成功学家卡耐基很早就注意到这一点，他指出：那些长时间生活在郁闷环境中的人，会渐渐失去对生活的乐趣，甚至会丧失与生俱来的快乐的能力。那些小孩子，之所以能够全神贯注地投入到简单的游戏中，就是因为他们对于快乐的要求很低。所以，才容易获得满足感。随着人的逐渐长大，面对的压力也越来越大，渐渐地就会在过多的要求中迷失自己，让生活变得平淡乏味。

王刚和赵宇是一家公司的同事，两个人都是刚参加工作不久。一次，领导在开会时提出，由于最近的业务比较多，所以希望员工能够加班几天。听了这个消息，赵宇马上小声说道：“真烦人。”一旁的王刚听见了，笑了笑没有说话。到了晚上加班时，王刚对赵宇说：“咱们都刚刚工作，实践经验还不够，多加班不正好学习学习嘛。”赵宇撇撇嘴，回答说：“又不是什么好事，再说，上次我多干了半天，领导也没说给我加工资，现在又让加班，凭什么呀。”王刚笑了笑，说道：“都是一个公司的，大家都要加班，就别计较那么多了。”赵宇满不乐意，觉得加班“不划算”，就常常找借口说有事，提前回家了。

过了几个月，公司的一名主管调走了。领导考虑在王刚和赵宇两人中间选出一名做主管。经过开会讨论，一致认为王刚不仅在工作业务上有了很大进步，而且还是个心胸宽大的人，所以提拔了王刚做主管。

同事之间，其实大可不必分得太清。你多做点，或者我多做点，都不是什么值得较真的大事。可是赵宇却处处打他的小算盘，又想挣得高工资，又想少做点工作。这样苛刻的人，到哪也不会受欢迎。

不管是对待工作，还是对待别人，都不必要求得太苛刻。只有宽容待人，才能营造良好的人际关系。否则只能是拒人于千里之外，自己变成孤家寡人。所以，在对待一些小事的时候，要学会“难得糊涂”，不要斤斤计较。只有在大事上明白，在小事上不苛求，才能让自己的烦恼越来越少，生活中的惊喜和乐趣才能越来越多。

很多时候，我们之所以会把那些鸡毛蒜皮的小事太当真，就是因为没有搞清楚它们的重要性。所以，当我们面对一件件让人心烦的小事时，可以问问自己：“这件事对我来说，是一件至关重要的大事吗？如果为了这件事，烦恼忧愁好几天，是不是值得呢?”如果答案是否定的，我们就要学着放宽心胸去接受它，或者对它置之不理，不让它影响我们的好心情。当我们不再为小事焦虑的时候，才能够真正体会到“生活中处处有乐趣，处处有惊喜”这句话的真正含义。

第七章

DI QI ZHANG

别太把自己当回事，沉住气才能成大器

沉住气是一个人内在修养的体现，是一个人素质的展露。沉住气，能让人稳操胜券；沉住气，能让人头脑清楚。任何情况下，要想成就一番事业，都应沉下心来，拿出十年磨一剑的心态，从容淡定地面对，这样我们才不会在困难面前败下阵来。

1

当聪明人在炫耀聪明时，已经变得愚蠢了

自古有句话说得好，聪明反被聪明误。其实这里的聪明不是指真正意义上的聪明，而是指一些小聪明。一些自认为聪明的人，其实他们也只是会要一些小聪明，当他们自以为聪明而到处炫耀的时候，无形当中，就是在贬低自己。

一个人聪明，有能力，有才学是件好事，这也是一个人成功的必备条件。但是当你把你所拥有的这些东西当成是一种炫耀的资本，过分地向别人展露自己聪明才华的时候。那么，你就会变得愚蠢，最终的结果是你会因为这些行为而受到惩罚、烦恼、生气等。因为你在炫耀自己聪明的时候，无形当中就是在贬低他人，抬高自己，否定别人的智慧和判断力，会使他人的自尊受到损害，这会给以后的工作生活带来麻烦和阻碍，长此以往，最终受害的人是自己。

有这样一个故事。有一个农夫在一片芦苇地里除草。因为芦苇丛里经常有野兽出没，所以农夫经常在干活的时候随身携带一支枪，以防不测。一天下来，也没有什么意外的事情发生。农夫便放松了警惕，坐地上休息。

就是这个时候，他看见芦苇丛中芦花纷纷扬起，在空中飞舞。农夫感到很奇怪，因为那个时候既没有风，也没有任何声响，不像是野兽出没的迹象。但是他还是警觉了起来，拿好枪，警惕地向芦苇丛中张望，生怕野兽突然出现，给他一个措手不及。过了好久，他终于看清楚了，原来芦苇丛中有一只野狗，在里面欢快地跳跃。它晃头又晃尾巴，看上去好像高兴得不得了。

但是，农夫还是觉得很奇怪，因为一般来说，野生的动物，是不会这么轻易地暴露自己的，这样做特别危险。农夫猜想可能是它捕捉到了猎物了，才得意忘形，放松了警惕，到处炫耀自己的战利品。

当野狗四处跳跃的时候，农夫已经扣好了打扳机，瞄准了野狗，只听见一声悲惨的叫声划过天空，它便扑通一声重重地摔在地上。农夫过去一看，野狗已经一命呜呼了，但是它身子下面还枕着一只死的野鸡。原来它是因为捕到了野鸡才得意忘形的，以至于都忽略了自身的安危，最终被农夫打死。

由此可见，动物尚且还会因为炫耀自己而受到惩罚，况且身为一个社会中的人呢？人生在此，是非诸多，应该小心谨慎，低调做人，不要被一时的小胜利冲昏了头脑，四处炫耀自己，招来别人注意，这样只能让自己放松对危险的戒心，而让不怀好意之人乘虚而入。

在现实生活中，每个人都希望从别人那里得到对自己肯定和赞扬。因此，常常会误认为在人前处处表现出自己的聪明和过人之处，可以轻易得到别人的肯定和尊重。殊不知，在别人面前过分地展现自己的聪明的时候，你就会变得愚蠢。因为你在向别人展示自己的才华或者能力的时候，你会得到别人虚假的恭维和推崇，这样你会变得忘乎所以，骄傲自大，得意忘形，更容易暴露自己的缺点和短处，这样便会给他人创造打败你的机会，最终，得不偿失的人会是你自己。

有句俗话说得很好：高调做事，低调做人。这句话的意思就是说明，一个人在办事的时候认真仔细，要做得比任何人都优秀，才会赢得别人的赞赏和褒扬。但是在做人的时候，却是完全相反的，要低调一些，处处小心谨慎。低调做人会让你隐藏自己的缺点和不足，不会招来他人的妒忌和暗箭，可以更好地保护自己。

《史记·滑稽列传》中有句话说得非常正确："酒极则乱，乐极则悲，万事尽然，言不可极，极之而衰。"任何事情都有极限，当我们自己觉得自己聪明而到处炫耀的时候，我们就走向了一个极端，这个极端是盲目地自我认同、自我骄傲，这个时候的我们，其实是最愚蠢的。

一个人有多大能力，多高水平，多少聪明才智，是不需要通过自己的宣扬来显示的。如果过于狂妄不羁，反而会成为别人眼中的小丑，成为他人口中的笑话。俗话说，天不言自高，地不言自厚。当一个人在炫耀自己的时候，反而会暴露自己内心的空虚和不自信，当他在炫耀自己聪明的时候，也是怕别人触及他内心的软弱之处，怕他人嘲笑自己，只好首先把自己懂得的东西全部表达出来，以自己为中心，强迫他人接受自己的观点和看法。

一个才华、能力、修养越高的人，在为人处事方面反而会更加谦卑有礼，不卑不亢，也更容易得到他人的尊重。自古以来，中国出了无数名人志士，没有一个不是内敛谦虚的人。一个内心真正有修养、有学识、有智慧的人，更会懂得谨慎待人，因为，我们从来没有见过一粒成熟的谷穗是高高在上的样子。

现在这个社会，是一个快节奏的社会，以至于我们在为人处事的时候也急于求成。在他人面前急于展现自己的能力、聪明，几乎是每个的通病。当一个人在夸夸其谈的时候，那么他判断事物的标准就会降低，他无法看清别人的面目，也无法正确公正地看待自己，容易说错话，犯错误，从而事后使自己更加郁闷，心情更加糟糕。

因此，我们一定不要被自己的小聪明迷惑住双眼，不要使自己变得愚蠢。对待任何人，要尊重别人，与他人交往的时候要以礼相待，不可以盛气凌人。要知道天外有天，人外有人，不可以炫耀自己。因为对方的能力、学识可能远在你之上。也许，对方正在心里面嘲笑你的无知和浅薄。在任何时候，都不要显示出你比他人更聪明，在要“众人皆醒我独醉”的状态下，做一个真正的聪明之人。

ⅼ2 大气的人才能成大器

欲成大器，先要大气；欲享大福，先经大难。“大器”，比喻有很高的才能、能干大事业的人。“君子不器”这句话的意思也是说，君子不能局限于一种才能，要博学多才。“大气”则是指在拥有高水平的才识和品德的前提下，拥有能容纳不同意见的度量，也即平常所说的宽广的胸襟、气度。一个大气的人，才能更好地开展工作，才可以正常地进行人际交往，才可以获得事业上和生活上的成功。

大气能滋润心境，让你感受到周围的事物是那么的美好，让你心情保持愉快，从而提高你的工作激情；大气能扩展你的视野，让你以更为宽广的态度去面对周围的一切，能从更多角度全方位来观察和分析问题，从而提高你的工作能力；大气能减少你的忧虑感，让你能心情愉悦地面对学习与工作，从而达到事半功倍的效果；大气能提升品位，可以让你更加清楚地认识自己和对待他人，择其善者而从之，其不善者而改之，从而可以让自己更加完美，进而得到一个成功的人生。

大家应该都听说过盛大网络董事长、首席执行官、总裁陈天桥。他就是一个大气的人。正是因为他的大气才能成就今天的享誉国内外的骄人事业。

早在1993年，陈天桥以优异的成绩和表现获得了提前一年毕业的机会。当其他同学还在学校悠然自得地过着学生生活的时候，他却出乎意料地迎来了“另类的”工作机会：他被分配到陆家嘴集团公司，做一名小小的放映员，每天的工作就是在一个小的房间里放映有关集团情况介绍的录像片。

如果这算对陈天桥工作耐心的一种考验的话，那么，这个考验的时间也有点过长，长达十个月。当时的他，20 岁出头，胸怀大志，满怀抱负，一直想着可以一展抱负。而现实带给他的只有失落和反差。因为他是堂堂一名复旦大学的毕业生，而且还是一名跳级的学生，又是全市优秀的学生干部。因为工作的无聊和没有前景，其他一起来的同学都选择了离开，但是陈天桥还是选择了留下来。

初出茅庐的他很快就意识到单调的生活也是对他的一种磨砺。所以他调整好心态，放宽心，决定充分利用这段时间，用来给自己充电，他看了很多书，学习了很多新知识，这为他后来独特的管理风格打下了良好的基础。

后来，陈天桥回忆说："当我意识到，无论你有多大的抱负，首先我们应该做的就是适应社会，而不是要求社会来适应你。当我意识到这个的时候，这是我人生转折的关键。"终于，机会来了，集团下属的一家企业有个选拔年轻管理人员的机会，经过重重选拔，陈天桥被选定为那家 200 多人企业的副总经理。

后来，得益于那段工作经历的陈天桥工作如鱼得水，一帆风顺，终于成为一个有作为的人。当年的陈天桥没有放弃自己，沉住了气，调整好了自己的心态，才有了今天的他。可见，沉住气，心态大气一些，对一个人的进步会有如此巨大的影响。

在挂职锻炼期间，来自复旦大学经济系的教育使他拥有出色的战略眼光，而之前那枯燥无味的磨砺使他克服了一般年轻人好高骛远、不脚踏实地的缺陷。他上任之后，推行了一系列的改革措施，并开始形成完善了自己独特的战术和管理风格。不久，他被直接晋升为集团董事长兼总裁的秘书。从此，开始了他的非凡人生。

由此可见，拥有大气的胸怀，对一个人的成功至关重要。如果当初陈天桥也像别人一样放弃那份工作，如果他没有调整好自己的心态，把心态放宽，认真求学，那么，他的人生道路可能就会是截然相反的结果。所以，大气的人才会成大器。

做到大气，其实不太容易，我们一般对别人的事情还心态好一些，当涉及自己的利益的时候最容易小肚鸡肠。真正的大气之人，要从各个方面来要求自己。

对待他人，要宽容，不要斤斤计较，患得患失。每个人都有自己的个性和特点，不可能每件事情都和你想的一样，要学会包容别人，体谅他人。对于别人犯的错误，要宽宏大量，适可而止，不可以吹毛求疵，咄咄逼人。

对待事情，要超脱，不要让自己深陷其中，而要把自己放在事情之外，这样才能客观公正地看待事情，全面周到地解决问题，最终才会找到一个完善的方法。对任何事情都抱有一种超然物外的态度，对于好事，就喜形于色，对于坏事，就愁眉苦脸，一蹶不振，这种小气的胸怀怎么可能成得了大器呢？

对待自己，要懂得知足。懂得知足的人才会是一个大气的人。懂得知足的人才会把自己的得失、苦乐看待得淡然，才会对人生的起伏更加从容淡定。一个大气的人，不会以自己的得与失作为判定事物的标准，从而做到更加客观公正。

一个人越大气，交的朋友越多，得到的知心话越多，自己的素质提高越快，工作业绩越大，人生越来越丰富越来越快乐；一个人越大气，越容易发现自己的缺陷，更懂得自我改正，自我完善，更懂得向他人求教；一个人越大气，越懂得欣赏他人，越容易发现他人的优点。总之，一个大气的人，才会成大器，才会成就别人无法企及的业绩，做出别人无法做出的骄人事业。

3

要想人前显贵，就要背后受罪

人的一生，从来不会一直顺风顺水，漫漫人生路，总会遇到各式各样的困难和挫折。而且在人的一生中，挫折会比平坦之路更多一些，但是挫折会比平坦之路更加锻炼人。如果想出人头地的话，就要承受更多常人无法承受的苦。

我们都希望自己的人生之路顺利平坦，能够多一些快乐，少一些挫折，多些一些坦途，少一些坎坷之路。但是命运往往喜欢和我们开玩笑，总是事与愿违。在这种情况下，我们要做的只能是全力迎接命运带给我们的挑战，做好吃苦的准备。

每个人身边总会有一些成功人士，我们羡慕他们取得的成就，羡慕他们的地位。其实，我们只不过是看到他们身上的光芒，而没有看到他们曾经为了实现自己的目标而做出的努力，没有看到他们身后那些辛苦和劳累。所以，人前显贵并不是凭空而来的，要在背后承受常人无法承受之苦，要不怕辛苦，不怕劳累，不怕艰难。

小张在一家制药公司上班，和所有其他刚毕业的大学生一样，他每天早上要去挤拥挤的地铁，早餐只能吃袋装面包喝牛奶，还要经历不定期的加班生活，然后再赶最后一班车回到租来的公寓。每个月都有着固定的生活费，每个月都会在超市促销的时候去买一堆打折的日用品回来，每隔几个月都会在商场打折的时候买几件普通的衣物。从毕业以来，他都这样打点自己的生活，把自己的生活打理得井井有条。

在公司里，他也是最积极的，无论什么累的、麻烦的工作，他都不辞辛苦地认真做完。无论什么工作，他也会是保质保量地做完。领导交给他的工作也会超额保质完成。

虽然这样的生活很辛苦，但是他还是坚持下来了。因为他懂得，成功就是对一件事坚持足够长的时间。他这份普通的工作，一做就是两年。两年以后，公司的老板看到了他的耐心和韧性，给他加了薪水，提升了职位。

小张这份成绩的得来，与他之前的努力是分不开的。如果没有他之前的努力，就不会有现在的他。人的一生当中，总会需要披荆斩棘，总需要接受风雨的洗礼，只有这样，才能造就一个成功的人。

我们都想要出人头地，都想要傲视群雄，都想要一览众山小的气魄，这些成就从哪里来呢？只能从我们吃过的苦，受过的罪，经历过的挫折而来。因为只有经历过这些事情的人，才会是一个成功的人，才会是一个不平凡的人。

泰戈尔曾说过，顺境也好，逆境也好，人生就是一场对种种困难无尽无休的斗争，一场以寡敌众的战斗。只有经历过，并且取得胜利的人，才会是胜者，才会成为别人眼中仰慕的对象，才会成为别人追捧的对象。所以，当我们遇到困难挫折的时候，请不要害怕，请不要抱怨，请不要悲观，请不要忧伤，请不要不高兴时乱发脾气，要以坚定的姿态面对它们，持之以恒，最终打败它们，取得成功。

刘琳，是个酒店前台，她和所有的上班族一样，住着租来的房子，买着不昂贵也不便宜的东西，穿着普普通通的衣服，有着普通的外貌。大家都以为她是一个普通人家的孩子，其实不然，她是她工作的这家酒店的唯一继承人。

他的父亲目前还经营这家酒店，他的女儿，也就是刘琳，从小就生活在一个富足的环境中，衣食无忧，住着豪华的别墅，被保姆照顾，上着贵族学校，从小就是过着锦衣玉食的生活。有一天，她的父亲突然意识到，自己一天天地老去，可是他的继承人却还是一个什么都不懂的只会任性撒娇的小孩子。

于是，她的父亲想亲自把她培养成一个合格的继承人，就开始锻炼她。她父亲把她安排到一家小的酒店去工作，不给她生活费，还让她搬了出去，走之前，她父亲苦口婆心地对她说："你只有经历过这些苦难，才会真正长大，才会成为我们酒店的合法继承人。"

于是，她被父亲无情残酷地放到社会上历练，好在她还懂得吃得苦中苦，方为人上人的道理，虽然受苦的时候，也十分委屈，但是她还是坚持了下来，懂得了基本的经营方法，最后，她成功转型回到了父亲的酒店去工作，并且表现优秀，成为一名合格的继承人。

面对挫折，不同的人会有不同的表现，有的人会继续为了目标而奋斗，有的人却会因无法面对挫折而选择放弃。当然，只有少数可以坚持不懈的人才可以取得成功，才可以成为佼佼者，要想人前显贵，背后就要受罪，低得下头。只有低得下头的人，才会有抬起头的机会，才会有高人一等的一天。

古往今来，成功的人士，他们的成功经历一定是异常艰苦的，他们在成功之前一定经历过许多超乎想象的痛苦，就像是凤凰涅槃需要经过烈火的锤炼一样，才会浴火重生。

泰戈尔曾说过："没有流过血的手指，无法弹出世间的绝唱；没有经过地狱般的磨难，无法拥有创造天堂的力量。"所以，没有经历苦难，你就不会到达成功的彼岸，成为别人羡慕的对象。

⟀4

不要活在别人的看法里

生活中有很多这样的现象：他人不经意的一句话，一个眼神，一个动作，会让我们心中反复琢磨好久，总以为别人的动作、语言都是和自己有关系的，生怕自己惹得别人不高兴。甚至更有小心眼的人，在看到别人在谈话的时候，就会猜想他们是不是在议论我，于是，便会一直耿耿于怀。

其实，他自己根本不知道别人是不是在议论他，只不过是过分看重别人的看法罢了。就算别人对自己有看法、有意见又何妨，我们不可能做到让每个人都满意，索性做好自己就可以了，不必想得太多。

每个人，对于成功和幸福，都有一个标准、一个设想，我们生活的好坏，常常是由他人评判的，我们都在忙着给别人鉴定幸福，给别人贴标签，却独不静下心来过自己的生活。别人眼中幸福的你，是真的幸福吗？别人眼中的你，才是判断标准吗？

前几天，小王和女朋友准备在深圳买房，家人也帮忙挑选房屋，挑了半天，最终也挑出一套还算满意的房子，当中介计算好首付和月供的时候，吓了女朋友一跳，喊着压力太大，不想买房了，想租房住。

但是她的妈妈在旁边说："你真傻，怎么能不买房呢？有个房子在什么时候都会有个落脚的地方，万一以后要是离了，你去哪里住？虽然现在压力大一点，但是最起码还安稳一点。"这么一听，她也觉得有理，这事便也定了下来。

其实，现在如此看重房子，我们只不过是过分没有安全感罢了。怕自己把握不了家庭和事业，掌控不了人生，没有独立生活的勇气和信心，才把安全感寄托在这些外在的固定的资产上。如果不依附这丈夫和家庭，我们还能过得满意吗？如果以后万一离了婚，邻里议论时，总会说，看这个人真惨，离了婚连个房子也没有。你能受得了别人的看法吗？你能受得了别人的闲言碎语吗？他们会从他们所认为的标准中，得到一个结论——你是个失败者。所以，虽然压力很大，但是我们都还是会一如既往地咬牙买昂贵的房子。

试想一下，如果我们没有咬牙买下那些昂贵而且自己消费不起的房子，那么我们的生活会过得多么轻松惬意。我们可以买自己想要的东西，去想去的地方旅游，吃自己想吃的东西，这样的生活多好。但是我们还是因为太在意别人的看法，而奋不顾身地把别人的看法强加在自己的身上，即使这样活得很累，有悖于自己的初衷。

我们身边总有一些人，总喜欢对别人的生活评头论足，无论做什么，都会给对方进行评判。如果我们参考了每个人的意见，便会发现，这件事根本没法解决了，因为你不可能顾及所有人的意见。所以，走自己的路，让别人去说吧，做出自己的个性，走自己的风格。

在中国一个著名的寺庙门口有一块匾，上面写着“第一议谛”这四个字，这四个字是许多年前一个著名的僧人所写的。许多人都会感叹这四个字写得好，却不知道，当年，写这四个字的时候，那位僧人竟然写了八十五遍。

那位僧人是一位追求完美的人，对自己的要求非常严格，写出来的字也经常被当做典范。他所收的弟子得到他的真传，非常优秀，个个出类拔萃。

那天这位僧人准备写这四个字的时候，有一个弟子在旁边观看，每写一个字，这个弟子就会说，这一个点的力度不够，那一个横不够饱满，就这样，在这位弟子的监督下，半天过去了，但是还是没有写出一幅让他们都满意的字来。

这个时候，弟子去上厕所了，这个时候，这位僧人暗暗想到，终于摆脱他那双挑剔的眼睛了。于是，他就随心所欲地一口气把这四个大字写完了。他的弟子回来以后，看到这四个字之后，伸出大拇指赞叹他的师傅写得实在是太完美了。

这位僧人表面上没有说什么，但是他明白以后遇到这种事情该怎么去处理了。很多人，在很多情况下，是活在别人的世界里，导致我们在做事的时候不能随心所欲，不能按自己的心意出发，以至于我们活得不自由，不开心。

我们在照镜子的时候，有时候会觉得镜子无法反映真实的自己，一个人的状态不一样，映出来的人也是不一样的。既然连镜子都无法反映最真实的自己，何况是别人的看法呢？所以，不要活在别人的看法里，不要在意他人对你的评头论足。

如果我们得到别人的正面评价就兴奋不已，得到了别人的负面评论就伤心不已，那么，我们会活得多么辛苦。如果我们是一只风筝，就可以任凭他人牵拽；如果我们是一叶小舟，就可以随波逐流；如果我们是浮萍，那么只能顺水而流。但是我们是有思想、会思考的人，别人对我们的评价应该就像身边刮的风一样，转瞬即逝。

老子说过："圣人抱一切为天下式。"意思就是说，我们应该坚持自己的看法，自己的意见，不要管天下人怎么看待你。

众人指路，在我们看来至少是不会错的。所以我们都头破血流地去挤那些康庄大道。但是有少数没去挤的人便成了非主流，也就成了一个个特立独行的人了。这些特立独行的人，便成为我们众人当中的佼佼者，成了大众眼中的成功人士。其实他们也没有什么别的窍门，就是坚持了自己的看法，不去管他人怎么看。

所以，在生活中，我们一定不要成为活在别人看法里的人，不要根据别人来评判自己的生活。一生短暂，哪里顾得上管他人怎么看，活出自己的精彩最好。

5

“空杯” 心态，敢于归零才有超越

空杯心态是一个心理学上的名词。古时候有一个佛学造诣很高的人，听说在一个寺庙里有位德高望重的老禅师，便去请教他。老禅师的弟子接待他的时候，他态度十分蛮横，目中无人，觉得自己造诣很高，看不起老禅师的弟子。

这位老禅师接待他的时候，十分热情，并且还为他倒了茶水。可是在倒水的时候，水已经满了，但是那位老禅师还是不停地往里倒。他就问这位老禅师：“水已经满了，为什么你还在不停地倒呢?”大师说：“对啊，既然已经满了，为什么还倒呢?”意思就是说，既然你已经造诣很高了，何必再求学呢？这就是空杯心态的起源。

空杯心态的意义其实就在做事之前首先应有个好的心态，拥有了好心态，才是把事情办好的前提。如果想学到学问，就要把自己当成一只空着的杯子，谦虚一点，而不是骄傲自满，这样才可以学到学问。

人的心脏只不过一个拳头的大小，生活在纷繁复杂的世界里，如果一些尘土附着进来，难免让我们劳累，只有时刻保持空杯心态，放开手，随时接受外界的事物，才可能得到新的东西。

有一天，有位妈妈正在家里洗衣服，这时候，突然传来3岁女儿的急促的叫声：“妈妈，快来呀!”她一听，不知道出了什么事，就急忙跑到女儿面前，原来，女儿的手被卡在一个花瓶中，花瓶由上向下变细又变粗，所以才会把女儿的手卡在里面。

女儿被花瓶卡得哇哇直叫，她听女儿的叫声，恨不得立刻把女儿的手从花瓶里弄出来。但是试了很多次，还是无法把女儿的手从里面弄出来。于是这位妈妈找来一个锤子，小心翼翼地把花瓶敲碎了。

费了半天力气，女儿的手终于出来了。这时候，这位妈妈看到女儿的手紧紧攥着，出来了也没有松开。妈妈就问她："你手里有什么？怎么也不松开呢？"

说着就小心地把女儿的手掰开了，原来里面有一个硬币。还好女儿的手没事，她放心了。但是当看到这个硬币的时候，她还是觉得有点哭笑不得。因为她刚刚打碎的，是一个价值不菲的花瓶。

其实女儿的手并没有卡在那里，而是因为她用手紧紧抓住了那个硬币才导致她的手在花瓶里出不来。于是，这位妈妈问她女儿："你为什么不把手松开，那样你的手不就出来了吗？"

"但是我一松手，硬币就又掉进去了呀。"女儿无辜地说道。

为了一个硬币，而损失了一个价值不菲的花瓶，就像是做了丢掉西瓜而拣芝麻一样的傻事。看起来很可笑，但是这件事在我们成年人身上也不少见，有些东西，就是因为心态不好，刻意追求，不肯松手，最后导致因小失大，得不偿失。外在的松手，来自于内心的空杯，如果内心不空的情况下，对外界的一些东西，也只会斤斤计较，锱铢必较。

要做到空杯心态，是不容易的，一般人都会骄傲自满，会目中无人。如果可以真正做到空杯心态，那么一个人的前途就是无量的了。因为保持空杯心态，可以让我们能够正确认识自己和世界，并与阻碍自己发展的因素告别，这是一个人走向成功的第一步。

有一个博士毕业后去找工作，他专业知识和素养都非常高，而且也是导师的得意门生，所去的公司也都是导师专门推荐过去的。但是，在毕业的三年内，他走马灯似的换了许多工作，也没做出什么突出的成绩来。

这个博士百思不得其解，便回到学校去见他的导师寻找答案。当他把经历都告诉导师之后，导师明白了为什么这几年来，他一直没做出成绩来的原因。

原来，这位博士自恃才能高于常人，因而骄傲自大，每到一个公司，刚开始的时候，大家对他也都刮目相看，但是他却处处挑剔，觉得自己是个高材生，应该受到别人的尊敬，应该受到领导的重视，他处处看别人不顺眼。长此以往，大家都对他有意见，怀着这种心态，工作自然也没有突出成绩，领导也对他不满意，就这样，到最后总是不得不辞职。

导师告诉他，你怀着这种骄傲自大的心态，到哪里都不会取得成功的。因为你认为你肚子里的知识已经满了，已经放不下任何东西了。如果你把你思想里的东西都掏空，就当做重新开始工作，开始学习，那么，你才会取得进步，取得成绩，学到知识的。

听了导师的话，这位博士便开始了新的生活，这一次，他努力忘记自己的博士身份和之前在学校取得的成绩，完全把自己当做一个普通人来对待，就这样过了几个月，工作终于有了起色，同事对他也非常尊敬。

空杯心态并不是一味地否定我们成功的过去，而是要求我们在否定过去的基础上，展现出一种虚怀若谷的态度，去融入到新的环境中，对待新的环境、新的工作。所以说，时刻怀有空杯心态，敢于把自己过去的一切归零，重新开始，才有机会获取更大的成功，才会不断地提升自己的事业和境界，否则，你只会在原地踏步。

6

没有一劳永逸，勤奋的人才能跑在前面

勤奋，是一切成就的根源所在。不勤奋的人是不会取得成功的，相反，取得成功的人都是勤奋的。爱因斯坦讲过：“在天才和勤奋两者之间，我毫不迟疑地选择勤奋，她是几乎世界上一切成就的催产婆。”

美国已逝的总统罗斯福也曾说过类似的话：成功的平凡人并非天才，他资质平平，但却能把平平的资质发展成为超乎平常的事业。

而我国著名的数学家华罗庚也说过：聪明出于勤奋，天才在于积累。

这些古今中外的成功人士都用自己的行动向世人证明了一个道理，如果没有兢兢业业的努力，没有踏踏实实的奋斗，是不可能取得异于常人的成就。虽然我们都是普通人，也不一定能够取得像他们一样的业绩，但是只要我们勤奋一点，努力一点，埋头苦干，坚持不懈，我们一定会达到自己的人生目标。

凡成大事的人，都是勤奋之人，都懂得“十年磨一剑”的精神，都有足够的耐心和努力去等待成功。我国著名的企业家李嘉诚正是以其惊人的勤奋之心取得成功的。

当年，李嘉诚准备兴建第一个大型屋村——黄埔花园屋村的项目，当时黄埔花园所用地盘是黄埔船坞旧址，按港府条例，工业用地改为住宅的商业办公楼用地，应当补交地皮的差价。而当时正好是地产业的投资热潮时期，如果按照政府的规定，需补地价28亿港元。权衡之下，李嘉诚不得不暂缓实施此项计划。但是初次受阻的李嘉诚并没有气馁，因为他知道一个产业有兴盛的时期就会有低迷的时期，他只需耐心地等待机会就可以做到。但是，他并没有一味地等待，而是继续勤奋地观察行情、制定规划、储备人才，以备为将来推出这一计划做好充足准备。

1983年，香港地产业到了低迷时期，李嘉诚知道机遇来了，他迅速与港府进行谈判。结果他仅用3. 9亿港元就获得了商业住宅的开发权。这样，李嘉诚降低了开发成本，屋村的每平方英尺成本不及百元。这样，李嘉诚起步就比别人有了巨大优势。

后来，中英香港问题的解决，使香港的前景骤然明朗，房地产业热度迅速回升，所以，李嘉诚开始投资兴建黄埔花园，因为之前已经准备好一切手续、人才，做出了完美的计划，所以兴建黄埔花园进行得十分顺利。

当时李嘉诚在购买的时候，有很多同行不看好他的行为，等到这个时候，他们才明白了李嘉诚的用意。

勤奋的人可以走在他人的前面，李嘉诚也是这样做的。在别人还没看到地产行业前景的时候，他已经看到了，当别人看到前景的时候，他已经开始勤奋地准备好行动了。这也是李嘉诚在地产界立于不败之地的秘密所在。

事实证明，李嘉诚这样勤奋的人是会得到巨大回报的。最后李嘉诚所兴建的黄埔花园共赢利100多亿港元。

李嘉诚是名副其实的勤奋之人。因此，在人们赞叹他的智慧和能力的时候，不得不佩服的是他的勤奋的精神。聪明的人很多，有才能的人也很多，但是能把这些和勤奋联系起来的人却不多见。正因为如此，这些勤奋的人才会做出超出一般人的成绩。

这些成功人士之所以成功，并不是因为他们与生俱来的天赋，而是因为他们能做到一般人做不到的事情，无论遇到多么大的困难也绝不放弃、绝不停止。他们能够在任何事情上都坚持不懈，在沉稳中磨炼自己的心智，在困难中积累经验，在风雨中坚持到底。

现今是个浮躁的社会，不少人有远大理想、理论知识也过硬，但具备脚踏实地、勤奋努力的人却不多。很多年轻人只是看到了成功的美丽光环，却没有看到他人成功背后付出的艰辛的努力。如果我们只看到成功的结果，都想轻而易举地取得成功，更快达到别人无法达到的高峰，那么我们永远不可能成功。

因为我们抱有一些不切实际的想法，才导致我们遇事不愿意付出，不能脚踏实地。生活不是那么容易的，很多事情都和我们想的大相径庭，任何事情也不可能没有付出而获得回报。所以，我们更应该勤奋努力地去做事。

有一个从事教育事业几十年的老教师在回忆他的学生时发现，当年在学校里默默无闻，资质平平，并不是特别聪明的人，反而在数年后取得了比那些聪明的、学习成绩优异的学生更大的成就。

后来，这位老教师总结说，因为这些资质一般的学生比其他的学生忠厚老实，踏实肯干，别人不愿意做的事情，他们愿意花费比别人更多的时间去做好，别人做不好的事情，他们坚持的时间比别人要长得多。正是因为他们的勤奋精神，才为他们今后的成就打下了坚实的基础。而那些聪明，但做事不勤奋、不踏实的学生，有的一生都碌碌无为。

由此可见，勤奋在人的一生当中所占有重要的地位。要想做到勤奋，必须要有“每天多做一点儿”的精神。每天多做一点，看起来很简单，但是做起来非常困难。因为坚持一天、两天容易，坚持一个星期、一个月，甚至一年是不容易的。所以，有勤奋精神的人，会比一般人出众。它是一种美德，一种超出众人的技巧和能力，可以使自己拥有更强大的竞争力和更大的优势，如果每天能多做一点，收获会远远超过你所能想象的范围。

付出越多，得到越多，越勤奋，越容易成功。思想家荀子启示世人：不积跬步，无以至千里；不积小流，无以成江海。勤奋的人，才可以脱颖而出，坚持的人，才可以走得更远、更高。

7

沉住气，人生没有翻不过的山

在生活、工作、学习中，无论做什么事情都要沉住气，不但关键时刻要沉住气，平时也要沉住气。沉住气是一个人内在修养的体现，是一个人素质的展露。是一种生活态度，也是一种生活方式。沉得住气能让人稳操胜券，沉得住气可以让人头脑清楚。

沉住气是一个好的品质，也是一个人取得成功必备的素质。沉得住气可以让人保持清醒，可以让人审时度势，冷静沉着，把握全局。就算最后没有赢，也不至于输得很惨。如果一个人沉不住气，那么他一般会在关键时刻掉链子，想不出好办法，最后会输得很惨。

罗兰说过这样的话，很多时候，成功的结果是努力、踏实工作的副产品。每人心中都应有两盏灯光，一盏是希望的灯光；一盏是冷静的灯光。有了这两盏灯光，我们就不怕海上的黑暗和风涛的险恶了。所以说，冷静，沉住气是非常重要的。沉得住气的人善于捕捉机会，洞察全局，才可以冷静地去面对任何突发状况。

大家都还记得2008年的那场汶川大地震吧，在那场震惊的大地震中，涌现出很多沉着救人和自救的英雄事迹。雷楚年小朋友就是其中的一个，2008年的时候，他只有十五岁，当时他是一名中学生，因为他在危机当中表现得沉着冷静，让他和另外一个同班同学得救。

那天中午14点28分的时候，刚上完课的他在楼道里休息，后来，突然来了一阵强烈的晃动，这时候，他听到老师喊道，地震了，大家快跑。作为体育健将的他，一听到呼喊，就立刻跑了出去，成为了首批到达安全地带的人。

在跑出来之后，他看到老师却没有往下跑，而是往楼上跑去，老师是冒着危险去救同学们。他没有丝毫犹豫，也立刻跑回了教室，回到教室，他看到里面还有好几名同学蹲在墙角。他急忙让同学们往外跑，不要在教室里待着。因为这是座旧楼，随时都有坍塌的危险。其他的同学听到之后，赶紧跑了出去，但是有一位女同学因为害怕而走不了路，他只好把她抱起来往外跑。

那年的他才十五岁，而且加上强烈的地震，他抱着那位女同学走路有些吃力。幸好，那位女同学自己及时清醒过来，下来自己向前跑去。就在这个时候，一块巨大的预制板从楼顶掉了下来，挡在了他和那位女同学之间，那位女同学顺利地跑了下去，但是他困在了里面。

就在这个时候，十五岁的他也没慌乱，而是想起来，二楼的另一头有一棵大树，他可以跳到那棵树上。于是，他又返回到刚才的地方，爬上栏杆，纵身一跳，跳到了那棵树了。

几秒钟以后，身后的教学楼轰然倒塌。试想一下，如果在当时那种危急的情况下，如果他没有返回教室去救人，那么教室里那几位同学也许就不会活下来；如果他没有抱起那位女同学向外走，那位女同学也许也不会活下来；如果他没有想起来跳到那棵树上，也许他也不会活下来。所以，最后这些同学都得救的原因还是在于年少的他，却临危不乱，异常沉着冷静。

所以说，在面对困难和险境的时候，千万不要慌乱，不要被困境所吓倒，慌乱只会让事情变得更加没有头绪，让自己更加六神无主、更加惶恐。所以，只要沉着冷静地面对困难，那么困难自然无法找到机会把你打败，人生也不会有翻不过去的山。

在这个高速发展的社会，我们都因一味地追求速度而变得没有耐心和恒心，看似忙忙碌碌，到头来却一事无成。究其原因，很重要的一点就是人心浮躁，不够沉稳，遇事不能沉住气。在生活当中，尤其是当自己的实力不够的时候，更应该冷静沉着一些，不能为求一时之快，而一意孤行，到头却来什么也没有得到。

从古至今，成大器的人，必定是一个胸怀宽广、沉着冷静之人。他们做事有长远的打算，在任何情况下都能容得下他人难容之气，忍住难忍之气，在时机还没有成熟的时候，沉住气、稳住神，这样才能成就大事。

在工作学习事业一帆风顺的时候，我们也要沉得住气，要低调内敛一些，免得树大招风，惹人注意，引来不必要的麻烦。在工作学习事业遇到困境的时候，要有宽广的胸襟，沉住气，默默地积攒力量，积极行动，冷静地应对各种事情，及时抓住翻身的机会，变不利地位为有利地位，变被动为主动。

要沉得住气，就要克服自己内心的浮躁情绪。人在浮躁的情况下往往容易想急于求成，不劳而获，在这种情况下，往往会欲速则不达。大家都知道，毛毛虫想要变成蝴蝶，都必须要经历在茧里长时间的挣扎和努力，如果有人帮助它，把它的茧弄破，让它省一些力气，那么，它永远也不会变成美丽的蝴蝶。所以说，在困境当中，就应该有沉得住气的勇气，要克服自己内心的浮躁情绪，这样才会得到你想要的结果，才会有破茧成蝶的一天。

沉得住气是一种能力、一种修养、一种品德，要把沉住气变成一种习惯，一如既往地坚持下去。要沉得住气，就要忍得住寂寞与空虚，要做别人做不到的事情，才能成就别人无法成就的事情。

沉得住气，就要一步一步地去做，要不断地走向成功，当有一天你回头的时候，你会发现，哦！原来我已经做出了这么多，得到了这么多。所以说，不论在什么情况下，要想成就一番事业，都应沉下心来，老老实实做人，要拿出十年磨一剑的心态，从容淡定，克服任何困难。

第八章

DI BA ZHANG

凡事不钻牛角尖，做世界上最“糊涂”的聪明人

“大智若愚，大巧若拙”，是每个人都在追求的精神境界，这既不是被动地装傻，也不是被动地内智外愚，而是要求我们遵循事物的规律行事，该聪明的时候聪明，该装傻的时候就惟妙惟肖地装傻。作为凡夫俗子，不妨适时适度地装装傻吧，这样才能更好地保护自己，让自己占据一定优势。

1 做人不要太精明

俗话说得好，“真人不露相”，能力越高的人，修养也就越高，见闻也就越多，为人也就越谦虚谨慎，不会在人前炫耀和显示自己，会把自己的才智隐藏起来，默默寻求发展机会。这种人，很容易在一个不被别人注意的角落留意观察别人，而自己的心思却不容易被别人察觉到，而且还可以根据别人的一举一动来制定自己的计划。因此，做人不要显得太精明，会收敛光芒，才是真正有智慧的人。

大家都应该看过美国励志大片《阿甘正传》，在那个电影里，阿甘是个“弱智”，他头脑极其简单，想问题单一，没有理想。当一群小朋友要欺负他的时候，他的女朋友告诉他，快跑，单纯的阿甘就一路狂奔，速度比其他人要快得多。

当在打橄榄球的时候，教练告诉他，拿着球快跑就可以了。结果，阿甘却出人意料赢得了比赛。当在战场上，他的长官告诉他，当你遇到危险的时候，就快跑。就这样，单纯的阿甘，逃过了小朋友的欺负，跑到了大学校园，跑成了一个球星和国家英雄。

不能说阿甘的成功具有偶然性，只不过是他把所有问题都简单化了，正因为没有其他的人聪明想法，只是单纯剩下一个动机，那就是跑，所以他的成功才容易得多。

现实生活中，我们都乐意和单纯简单的人交往，觉得他们没有心机，没有算计，没有诡计，和他们在一起会让人觉得轻松、惬意，不需要费尽心思地去猜想对方到底在琢磨什么。而那些古灵精怪的人，会让人觉得和他交往就是在被利用，无时无刻都要小心提防，处处时时都要提高警惕，他们自然不会得到别人的信任。

曾国藩曾说过：“君子藏器于身，待机而动。”这句名言的深刻寓意就是，君子的才华要深藏不露，要等待恰当的时机再展示给他人看。这句也就是前文提到的，真人不露相。在现实的生活中，有些人喜欢卖弄本事，不懂得收敛光芒，结果招致他人的厌烦，使自己处于众叛亲离的地位，这样，不可能利于自身的进步。而那些真正身怀绝技的人都显得谦虚谨慎，把自己的才华隐藏得非常严密。

刘畅在一家省内著名的报社工作。他本身是名牌大学毕业，并且加上大学期间参加了很多校外实践，因此工作能力也非常强，深得领导的赏识。他选的文章和题目，写的文章或者做的策划，经常得到领导在全体大会上的表扬，他自己也认为自己能力非常突出，对于领导下派的一些任务，他从不推辞。他自己一直坚信，能人多得，有才华就应该被得到重用。

就这样，次数多了，大家对他就不太满意了，认为刘畅这个人过于张扬，处处爱出风头，领导下派的一些重点的选题都被他抢占了。慢慢的，大家都疏远了他，不愿意和他打交道。但是刘畅对这件事不以为意，认为大家是嫉妒他的才华，自愧不如才不和他交往的。甚至觉得一个有能力、有本事的人，就应该是孤芳自赏的状态。

有一次，一个新的版块需要选出一个主任，并且想重点培养新人，最终，领导决定用民主投票的方式让大家选出自己心中最适合当这个新主任的人。刘畅很有信心，因为论能力，他是全社屈指可数的；论和领导的关系，自己平时也为领导付出了很多。因此，他认为这个主任的职位，非他莫属。

但是当最终结果出来的时候，让刘畅大吃一惊，大多数人把票投给了一个名不见经传的人。刘畅百思不得其解，却又不好说什么，只好认命了。

接下来的事情可想而知。新上任的主任再也没有把新版块的重点工作内容交给刘畅去做，只是让他负责一些无关紧要的事情。刘畅感到非常郁闷，最后不得不离开了这家公司。

故事中的刘畅就犯了太精明的错误，到处给自己树敌，让大家都疏远了自己，给自己工作带来了诸多障碍，最终害了自己。所以，在我们追求自身发展的同时，切忌不要过分张扬，显示出过人之处，要知道，过于张狂的人，会遭到大家的排斥，尤其是当你因为自己做出的一点成绩而炫耀，并贬低他人的时候。

“螳螂捕蝉，黄雀在后”这个成语故事大家都是耳熟能详的。这个成语告诉我们：在考虑问题、处理事情时，要深思熟虑，考虑后果，不要只顾眼前利益，而不顾后患。太精明的人，就是这种做事只顾眼神，不顾以后的目光短浅的人。

我们每个人都愿意做个聪明的人，都不愿意成为大家眼中的傻子。但是在为人处世的哲学上，有些时候，不显示出精明，比处处招摇的人要好得多。精明的人，有时候确实可以得到一些小利益，但是任何人都不会永远占便宜，他人上一次当可以，要一直上当就不容易了。所以，当他人了解你之后，会更加谨慎地对待你，让你无机可寻，更重要的是，当你需要帮助的时候，大家都会远离你，这个时候，你才会意识到自己亲手把自己孤立了起来。

所以说，做人太精明不是为人处事应该有的表现，在人的一生当中，我们都不可能凭借一己之力认清世间万象，所以，对于任何事情都不要过于精明，我们要保持一颗简单平和的心态对待他人、对待自己。只有这样，才会得到一个简单纯粹的人生。

2

世上本无事，庸人自扰之

许多时候，我们很容易因为别人的看法而影响自己的立场、心情或者态度。我们过分在意周围的人的眼光，会为了无关紧要的话而琢磨好久，会为了别人一个眼神一个动作而猜想半天，会为了一件非常小的事情而神经过敏。就这样，把自己折磨得身心俱疲，到头来，一点好处也没有得到，反而耽误了自己的事情。

其实，人的一生，没有走不通的路，没有不能解决的问题，没有不能化开的矛盾，没有忘记不了的事情，没有做不到的事情，有些事情不应该花费你所有的精力去考虑，就要学会把事情看得淡然一些。过去了的就不要去想，别人的事情不要过分去考虑，要知道，世上本没有这么多事情，是那些庸人自扰之。

把一些鸡毛蒜皮的小事来当做人生当中的大事来做；把一件非常小的事情，一味地放大再放大；把一件简单的事情，用极其复杂的方式来处理。不成熟的我们总会犯一些因小失大，得了芝麻却丢了西瓜这样的错误。我们总是自己给自己戴上锁链，逼迫自己去做一些本来不该是自己去做的事情，从而使自己疲惫不堪。

所以，真正的人生，本来是很简单、很单纯的，如果你用一双单纯的眼睛去看它，它便显示出单纯的样子；如果你用一双复杂的眼睛去看它，那么它就显现出复杂的样子。其实，世界上本来没那么多事情，只是一些庸人自己把它们复杂化了而已，把周围美好的世界变成了你肩膀上的负担。所以，简单最好，做自己最好，不要把复杂的事情加在自己身上。德国医生迈尔的经历正说明了这点。

能量守恒与转化定律是大家非常熟悉的常识。这个重大的发现是由三个伟大的科学家完成的，其中一个就是由被称为“疯子”的德国医生迈尔发现的。

在他年轻的时候，他跟随一支船队来到印度尼西亚，当队员登岸之后，由于水土不服而生起病来。按照当时社会上流行的治疗方法，就简单给队员进行放血治疗就可以了。但是，如果是水土不服引起的疾病的话，放出来的血应该是黑色的。但是，当迈尔医生进行治疗的时候，他发现，放出来的血仍然是红色的。

迈尔很纳闷是怎么回事。于是，他开始思考这个问题，人的血液里可能含有氧气，所以才是红色的。氧气在人体内进行生理反应，产生热量，来维持人体正常的体温。这里天气炎热，自然不需要这么多的热量，自然也就不需要这么多的氧气，所以血液还会是红色的。

按照这样的推断，那么，维持人身体的热量到底从哪里来的呢？他又继续往下想，由某个器官散发出来的？但是也不太可能，因为每个器官都很小，不足以维持人的整个身体的热量供应。那么，可能是从血肉而来，因为血肉分布于全身，只有这么大体积的东西才可以维持整个身体。那么，这将和人类吃的食物有关系。而无论肉食还是素食，都是从植物而来，进而又推断出，植物是因为太阳的光和热而生长的，那么，太阳的能量是从哪里而来的呢？这就是一些我们无法清楚了解的能量了。

所以，迈尔医生就想到一个问题：这些能量是怎么转化的？回到汉堡他就写了一篇关于这个问题的文章，但是他的发现没有得到当时的物理学家的认可，各个报社都拒绝刊登他的文章，甚至还称他为“疯子”。连他的家人也觉得他疯了，还要请医生来治疗。虽然所有人都不看好他，都在左右他的观点，但是迈尔还是没有放弃自己的观点，一直与当时的社会作斗争。

最终，真理还是会战胜谬误，真相还是大白天下。迈尔医生的发现现在已经被证明是正确的，试想一下，如果当时的迈尔医生没有坚持自己的观点，而是一开始就放弃了，也许到现在人类还没有发现这个定律。

由此可知，心外世界的大小并不重要，重要的是我们自己的内心世界，自己的观点是最重要的，不要管他人怎么说，不要让别人的观点影响到你的决定。别人的看法、别人的观点我们是无法改变的，而且，更加重要的是，我们也不可能照顾到周围每个人的看法，所以，只做好我们自己就好，把事情看得简单一些，再简单一些，不要做庸人，给自己增加无谓的烦恼。

世上本无事，庸人自扰之。要想不被身外之事、被身外之人所左右，首先最应该做的就是分清你我。分清你我很重要，不关自己的事情，千万不要往自己身上想，不是自己分内的事情，不要往自己身上揽，别人的话语，不要随意与自己联系起来，要时时刻刻以自己的看法为中心，要时刻提醒自己，不要胡思乱想，不要猜忌，不要把没有因果关系的事情联系想来。只有分清楚你我，才可以做到对一些无关紧要的事情无动于衷、漠不关心。

3

睁一只眼闭一只眼又何妨

为人处世是一门高深的学问，不是一朝一夕就能学会的。多少有成就的人，用尽一生的时间去学习也没有完全参透。因为人的一生极其复杂，会遇到各式各样的人，会遇到各式各样的事情，人们对于人生的理解和感悟又总是局限在事件上，不能升华到一定高度，所以尽其一生也无法完全明白其中的真谛。在这些高深的真谛里面，有一种非常重要，那就是做事情的时候要睁一只眼闭一只眼。

一个人做事不可以太认真，太认真会对什么事情都较真，对身边的人或事都只能看到瑕疵，而发现不了它们身上的美。人非圣贤，孰能无过。

与人相处就要互相谅解，要难得糊涂，要有肚量，学会睁一只眼闭一只眼，才能包容他人，这样你才会有很多知己，而且诸事顺利。相反，如果你做事锱铢必较，斤斤计较，无理辩三分，那么，所有人都会远离你，让你处于一个众叛亲离的境地。

古今中外，凡成大器的人，大多是胸怀宽广，不拘小节，宽容大度，能容别人所不能容，忍别人所不能忍之人，对于别人犯的错误，得饶人处且饶人，从来不小肚鸡肠。

有这么一个寓言故事：有一天傍晚，有只大象在森林里悠闲地散步，由于当时太阳已经落山，所以光线很暗，这只大象不小心把一只小刺猬的巢踩坏了。大象很内疚，急忙向它道歉。表面上，刺猬原谅了大象，但是心里还是耿耿于怀，想找个机会报复大象。

一天，小刺猬出去找食物，看到大象躺在地上睡觉。心中一阵窃喜，觉得机会来了。它跑到大象旁边准备假装不小心咬大象一口，但是它围着大象转了几圈发现大象的皮实在是太厚了，根本无法下嘴。突然，它看到了大象的鼻子，于是就冲着大象的鼻子咬了上去。但是毕竟小刺猬太小，大象又太大，被刺猬咬一口根本就不会产生什么效果，大象只是觉得鼻子痒了一下，打了个重重的喷嚏。打这个喷嚏不要紧，却把小刺猬射出好远，狠狠地摔了一跤。

过了好久，小刺猬从地上爬起来，后悔地对同伴说：“要记住这次教训，我还不如睁一只眼闭一只眼原谅它呢。现在我被摔得这么惨。”

寓言故事中的小刺猬，就是因为不懂得宽容，不懂得睁一只眼闭一只眼，最终使自己受到了伤害。道理我们都懂，但是当我们真正去做的时候，却不是一件容易的事情。这需要你有一颗善解人意的心，需要有设身处地为他人考虑的心态，要有良好的修为，这样你才会懂得多一些谅解，多一些宽容，多一些付出，也同样可以多一些回报。

在一次课间，王丽对老师说，昨天她带着她爸爸给她买的一只黑色的钢笔到学校，今天就找不到了。老师听到这个事情，就环视了一下全班同学，发现坐在王丽后面的朱茜同学神色慌张、心不在焉的。老师顿时明白了，于是当着全班同学的面子故意大声地说，你先回去吧，肯定是哪位同学不小心拿错了你的钢笔，因为黑色的钢笔实在是太多了，拿错了也是很正常的事，等下各位同学看一下自己的钢笔是不是拿错了，拿错了的同学给王丽同学送回去。

果然，到了下午，王丽又找到老师说她的钢笔已经找到了。从此以后，再也没有出现过类似的事情。

这个小故事当中老师就是一个聪明之人，他看出来那个钢笔就是朱茜拿的，但是当面指出没有证据，而且那样还容易伤了学生的自尊心，更不利于学生的团结。所以老师就选择了装糊涂，睁一只眼闭一只眼，没有当面拆穿朱茜，用巧妙的方法使事情得以圆满解决，大家也都相安无事。

聪明的人了解事情真相，不会想方设法去揭露事情真相，而会想方设法保留他人的颜面，就算遇到再大的问题也能临危不乱，以婉转的方式解决问题，绝不会当面拆穿他人不轨的意图，让人颜面尽失。正是因为他们为人处世的方式，才使他们赢得更多的尊敬。

这个世界上每天都会发生一些事情，有些事情说大也大，说小也小，但是不去解决也不是办法。但是认真去做仿佛又大费周折，花费一些不必要的精力和时间。所以有时候就应该睁一只眼闭一只眼，给别人留下余地，给自己也留下空间，让双方都好抽身。

邻里之间因为孩子吵架而争得面红耳赤，形同陌路；朋友因为一句无心的话，而争执不休、恩断义绝；同事之间因为一点小的利益，而大动干戈、互不相让；夫妻之间因为家庭琐事，而同室操戈，两败俱伤。有时候，当我们过分认真的时候，以为是在坚持真理，其实是在互相伤害。到头来，谁也不会得到好处。

所以，要做一个精明的人，就要懂得睁一只眼闭一只眼的道理，为人处世睁一只眼闭一只眼，装糊涂，不让别人尴尬，也不让自己处于一个刁难他人的位置。做事做人都不要做绝，留下一点空隙。让自己活得更轻松，让别人也活得更惬意，这就是为人处世的境界。

“花要半开，酒要半醉”，别把事情看得那么重要，要做到能忍则忍，能过则过，不斤斤计较。做人不能太精明。我们不能过于显示自己的聪明，更不能过分指责对方的错误。在人际交往中，“糊涂”可以作为自己的挡箭牌，还可以在处于不利境地时自找台阶下。正所谓，人生难得是糊涂。

4 会装傻才是真聪明

我们都会在街上看到一些精神失常、无家可归的人，一般情况下，没有人去注意他们的存在，有的人甚至还会害怕他们，怕他们突然做出一些有悖常理的事情来伤及自身。同样，没有人会考虑疯子的利益，没有人会动脑子算计疯子，因此，疯了有时候会是最安全的身份。所以，有时候，适当的装疯卖傻才是自己最好的挡箭牌，可以保护自己不受到他人恶意中伤。

装疯卖傻之人，并不是真的傻，他只是在演戏给别人看，让他人对自己放松警惕，掉以轻心。他们的心里其实比其他人都要清楚、明白。怎么装，装成什么程度、什么样子，都是事先计划好的事情，一切都在他的掌控之中，一切都在按照他的意愿进展。之所以要这么做，无非是想混淆敌人视听，从而达到保护自己、伺机而动的目的。他们才是真正聪明的人。

中国有个传统功夫：“醉拳”。顾名思义，醉拳，就是喝醉的状态下的一种武功，一般人都会认为喝醉了怎么会武功呢？其实不然，正是利用喝醉的这种状态，给人一种虚假的印象，让敌人放松警惕，麻痹大意。从表面上看来，跌跌撞撞、踉踉跄跄，其实在东倒西歪之中暗藏危机。趁其不备，致命一击，醉拳是武术中屈指可数的功夫，那么，装疯卖傻也是为人处世当中一种高超的方式。

明朝嘉靖年间，浙江总督胡宗宪仗着奸臣严嵩的势力，在自己管辖区域内横行霸道，无恶不作。他的儿子胡衙内也依仗父亲的威名，做尽伤天害理的事情。当地的老百姓都敢怒不敢言，生怕得罪了他而被他陷害。

有一次，胡衙内出去游玩，一路上吃喝嫖赌，作威作福，路过的地方官员也阿谀奉承，溜须拍马。当他们来到海瑞管辖的淳安县的时候，却没看到当地的官员出来迎接，也没有安排吃喝等相关事宜。看到这种状况，他十分生气，怒气冲天地抓住一个巡抚暴打一通，还威胁他说，你们这个破地方，小小的地方官竟然敢不出来迎接我，等我回去了便告诉我父亲，回头让你们满门抄斩！

其实，海瑞并不是不知道胡衙内来淳安县的事，只不过他是一个清廉的官员，看到胡衙内的行为，让他恨得咬牙切齿，他恨不得自己立刻把他杀死为民除害。他不想像其他人一样跟着他作威作福。只好想办法打击他的势力。但是如果直接把他抓起来，肯定会伤及自己，于是他想出一个好办法来对付他。

海瑞带着随从，直奔胡衙内所住的地方，一进门，二话不说，不容胡衙内插嘴，直指着胡衙内说道：“把这个骗子给我抓起来，竟敢冒充胡衙内！”

胡衙内在一旁喊到：“我是浙江总督胡宗宪的长子，你敢抓我？不想活了是吧！”

海瑞怒斥首：“胡宗宪是个爱民如子，公平廉洁的官员，怎么会有你这么十恶不赦的儿子，抓起来，先打一百大板！”

就这样，胡衙内莫名其妙地就被抓起来了。打完一百大板之后，他已经吓得不敢说话了。生怕再受皮肉之苦。这个时候，海瑞又从他随身携带的行李当中找出他沿途收受的钱财，当做证物，当场定罪。并且手书一份文书给胡宗宪，说有一恶贯满盈的骗子，冒充胡衙内，骗得数千银子和很多珍宝，已经被我处置了，并且连夜送往总督府，请大人严处。胡宗宪看着自己被打得鼻青脸肿的儿子，气不打不处来，但是又不好说什么，只好不了了之。

海瑞就是利用装疯卖傻的方法，在明知道所来之人就是胡衙内的情况下，装作不知道，找出证据，严惩胡衙内。既保护了自己，又打击了胡衙内。做大事的人，更要懂得利用不同的策略来解决不同的问题，而装疯卖傻有时也会是其中的上策。有时候，为了避免自己受伤害，为了能更好地解决问题，暂时的装傻也是很有必要的，一时的糊涂换来利益最大化，何乐而不为呢？

在解决问题的时候，需要适当地装疯卖傻，在人际交往当中也是一样的。人们都有一时冲动，做错事、说错话、得罪人的时候，如果你锱铢必较，咄咄逼人，以牙还牙，那么只能使事情更加恶化，不利于事情的解决。这个时候，不妨试一试做个“傻子”，照顾对方的面子，保全自己的处境，让对方意识到错误，主动改正错误，这时候，才能做到两全其美。这样的人，才是一个真正聪明的人。

但是装疯卖傻也需要把握一个度，切忌不可过分装傻，要知道过犹不及的道理。怎么样把握这个度呢？那就是要见好就收。当事情发展已经达到你的预期目的的时候，千万不要奢求更多，要立刻停止。当对方犯了错误，而已经认识到自己错误的时候，要适可而止。如果一味地追着别人不放，会使对方感到难堪，会伤害你们之间的关系，最终损失的是你自己的利益。

懂得装疯卖傻，不骄不狂，这可谓是一种很高的谋略，算是高招，因为它能够保全利益。在形势对自己不利的时候，要适度调整方法，痴痴傻傻，隐藏自己的真实想法，走迂回曲折的道路，以免引起别人的警觉，等待机会，再实现自己的目的。这样的人，才是绝顶聪明之人。

5 懂得变通，遇事不钻牛角尖

俗话说：“树挪死，人挪活。”意思就是说，如果我们会灵活变通的话，有些问题会迎刃而解。当我们遇到困难时，再怎么努力也解决不了的时候，就不要再想着从正面直截了当地解决问题，有时候我们稍微转一下弯，就会发现其实问题没有想象中的那么困难，只不过是我们的解决方法不恰当而已。

在十九世纪中叶，国内出现了大批的淘金者，淘金的人越来越多，金子就越来越难淘。一位十七岁的男孩何聪也是其中一位，但是他发现淘金实在是不好淘，这时候，他突然想到了一个更好的“淘金”办法：金子所在的地区天气十分干燥，水源很少，很多人都是因为缺水而离开。所以，他决定以卖水为生。这个行为得到了大家的嘲笑，他没有把嘲笑当回事。最后，当大多数人因为淘不到金子空手而归的时候，他却因为卖水而发了一小笔财。

故事中的小男孩，正是因为懂得变通而放弃别人都走的路，另辟蹊径，才成为少数可以成功的人。人生当中，我们会遇到各种各样的事情，我们也会孜孜不倦地寻求解决问题的方法，会朝着既定方向不断地努力争取，但是，有时候并不是所有执着的追求都可以得到好的结果，并不是所有的坚持都可以修成正果。有时根据事情来随机应变、转变套路，变通一下自己的固定思维，不钻牛角尖，或许可以想出更加合理、更加方便的方法来。

大家都应该知道海洋里有一种叫章鱼的动物，一只章鱼的体重可以高达 32 公斤，这么庞大的家伙，想必它的身体也是非常笨重的，其实不然，它的身体是非常轻盈的，非常柔软，它甚至可以把自己塞到任何它想去的地方。说到这里，大家一定很惊讶，这么大的章鱼是怎么做到的呢？原来，章鱼是没有脊椎的。它可以从一个硬币大小的洞里钻进去。遇到危险的时候，它是最容易脱身的动物，因为它几乎是无孔不入的。就是因为这个，它被称为海洋里最狡猾的动物之一。

正是因为章鱼的灵活变通，才使得它逃过其他海洋物种的威胁。但是，同样是这种狡猾的生物，当它钻牛角尖的时候，却只能面临死亡。原因是这样的：当渔民把一个瓶子用绳子串在一起，沉入海底的时候，由于章鱼天生爱钻洞的特性所决定，它们自然会争先恐后地往瓶子里钻，结果，在海洋里无所不胜的章鱼，却成了渔民的口中之物。因为它不会往回走，它们只会沿着狭窄的瓶子越走越远，一口气走到了死亡。

由此可见，懂得变通，会变通，遇事不钻牛角尖是非常重要的一条为人处世的哲学。《周易·系辞下》中也提到："穷则变，变则通，通则久。"变通是天地间的大智慧，是一项非常实用才能，是一条为人处世至高的哲学。要知道，条条大路通罗马，如果找到适合自己的方法，那么许多问题都会迎刃而解，你到达罗马所用的时间会比别人短很多。所以说，变通是任何事情长久发展之道。

尺有所短，寸有所长，什么事情都有两面性，我们应该用全面的眼光看待事物，遇事不能钻牛角尖，这样才可以用发展的眼光看待问题。历史上，如果商鞅不变法，秦国何以统一天下？邓小平如果不实行改革开放，中国何以屹立于世界民族之林？所以说，变通才是诸事之本。

大家小时候都看过阿凡提的故事，有一次，阿凡提因为一点小事而得罪了国王，国王一气之下，就让阿凡提脱光衣服，把他关进一个非常高的楼顶上，只要阿凡提可以在寒冷的冬天在楼顶待一晚上，国王就饶恕阿凡提。

到了第二天，国王去看阿凡提的时候，却意外地看着他满头大汗地跑下来了。阿凡提开心地告诉国王说："楼顶上太热了，和夏天一样。"

国王感到很奇怪，到了那天晚上亲自去试了一次，结果被冻得半死，只好把阿凡提叫回来询问到底怎么回事。

阿凡提知道瞒不过去，只好实话实说。原来楼顶有个大石磨，因为晚上实在是太冷，阿凡提就一直推那个石磨保持体温，就这样跑了一晚上，自然是满头大汗了。

阿凡提是个以聪明著称的童话当中的人物形象，这个形象就是一个懂得变通、不钻牛角尖的人。他知道如果就这样待一晚上肯定会被冻死，便想出别的方法解决问题，既然不能保持体温，那么就创造体温，让自己动起来，让身体热起来。就这样，聪明的阿凡提躲过了一劫。

如果办事只知道直来直去，不懂得灵活应对，一般情况下都会碰得头破血流，就算是最后勉强取得了好的结果，估计也已经花费了超出预计几倍的人力、财力、物力。所以说，我们不妨变通一下思路，充分认识一下事情的情况，审时度势，变换思路，以最少的人力物力财力，圆满地把事情解决。

不钻牛角尖说起来容易做起来难，那么，在现实生活中，如何避免钻牛角尖呢？最重要的就是要思想开放、思维活跃，不要拘泥于一种方法、一种方式，要敢于打破常规，改变自己的思维定式。

当我们遇到问题的时候，要多想一下为什么，解决的办法有几种，尽可能多地了解事情的真相及原委，尽可能客观正确地判断事情，还要多听旁观者的意见，必要时借助一下外力，充分做到圆滑灵活。

6

换个角度看问题，不要迷信于一种思维

我们都听过这样一个故事，有一个老师在黑板上点了一个白点，然后问同学看到了什么。大部分人都会说看到了一个白点。这时候老师又说，这就是我们的惯性思维，为什么我们都只盯着这个白点看，却看不到还有

这么大的一块黑板呢？黑板上的白点是那么的微不足道，如果我们只是盯着它看，就是以偏概全，以点概面，一叶障目，不见森林，会影响我们对事情的准确判断。

在人际交往的时候，要站在别人的角度看问题，要设身处地地为他人着想，我们才会原谅别人，理解别人。当我们与朋友，家人，同事发生矛盾的时候，不妨站在别人的立场上看问题，化干戈为玉帛，把矛盾消除，这样，我们会觉得生活其实很美好。

换个角度看问题，是一个人利用智慧、胸襟和实践经验决定怎么样去具体处理问题的过程。错综复杂的社会生活，决定了每一个人自身的不可能与世隔绝，必须与别人相处。而人们各自的教育背景、素质、能力，各方面都不相同，有问题存在是很正常的事情。所以我们看待问题的时候，要懂得灵活变通，不要拘泥于一种方式、一种思维。

一位女士来到一家商店，要求退一件衣服。服务员检查过后，发现衣服已经被穿过，而且还有洗过的痕迹。但是无论服务员怎么说，她就是不肯承认自己穿过并且洗过这件衣服。这时候，店面经理听到争吵过来了。问清楚情况后，她并没有像另外一个服务员那样直截了当地和顾客据理力争。而是委婉地说道："前几天我也发生过一件类似的事情，我也是刚把衣服买回去，随便就放在家里，一次也没穿，但是家人不注意，把我的新衣服和脏衣服一起扔到洗衣机里洗了。我觉得可能你也是这种情况，你只是不知道而已。因为这件衣服的确被洗过的痕迹。如果您不信，可以和其他的衣服比较一下就能很容易看出来。"

这位女士看到确实是无法再抵赖，而这个时候，店面经理又给她找了个台阶下，就趁机收手，收拾好衣服走了。

这个小故事中的店面经理就是一个懂得变通的人，在明知道硬碰硬的情况下，顾客是绝不会承认的，所以就换了一种方式，让顾客知道自己在为她考虑，希望她能见好就收，如果顾客还是继续坚持，那么只能是闹得双方不欢而散。就这样，稍微换个角度，一场争吵就这样避免了。

当我们换个角度看问题的时候，会发现问题其实没那么难，只要运动脑筋，用另外一种思维，站在对方立场上看问题，就会很容易把问题解决。这样的方法，既给了对方面子，又保全了自己。

换个角度看问题，是一种忍让，是一种大度和宽容。有时候我们会抱怨，某某商店服务员态度真恶劣，其实也许人家正好处于分手阶段，或者他的家人生病，这个时候我们就应该为他人考虑，换个角度思考这个问题；有时候我们遇到不顺心的事情，对别人发火的时候，我们也应该考虑一下，如果我是对方，我愿意让别人冲我发火吗？这样一想我们就不会胡乱发小脾气了。凡事站在对方的立场上，换一个角度考虑问题，那么，没有什么解决不了的问题。

有一位新老师在讲台上做自我介绍，并且把自己的名字和联系方式写到了黑板上，方便同学们以后有事情找他。但是，这位老师的字写得有点丑。这个时候，有个爱起哄的调皮学生，当着全班同学的面说道：“老师，您的字可真够难看的。”全班同学一片哗然，纷纷看着那位不识趣的同学，那位同学看到大家都不怀好意地看着他，知道自己说错了话，脸红地低下了头。

老师看到这种状况，知道那位同学已经知道自己错了。但是他目前也正处于危险境地，如果应付不好这个事件，会对以后的教学产生影响。老师转而一想，张口说道：“上课时间，大家不要随意讲话，听到没？要认真听老师讲课。”课堂的气氛一下子就放松下来了。

这位老师是一位聪明的老师，他成功扭转了对自己不利的场面，把原来学生针对老师的不怀好意的话，成功地转移到另外一件与这个事情丝毫没有关系的事情上，避免了和学生直接发生冲突，也保全了自己的威严。

其实，解决问题的方法有很多，也都能把问题解决，但是每个方法带来的效果却是大相径庭的。要做到换个角度想问题，不拘泥于一种形式。比如，我们应该懂得为他人着想。孰非圣人，孰能无过。不要鸡蛋里挑骨头，要记住人无完人，对于他人的错误，在别人意识到错误的时候，要替他人考虑，见好就收。万事切忌不要咄咄逼人，见缝插针，无孔不入，如果一味地要求别人承担后果，弄得他人颜面尽失，自己暂时处于上风，为既得的一点小利益沾沾自喜，是得不偿失的行为。因为从此以后，他人就会对你有二心。

换个角度看问题，还要懂得装糊涂。装糊涂是一种高超的智慧。俗话说得好，大智若愚，大巧若拙。这样做的好处就是，装糊涂的时候，就会减少外界给你带来的压力，你可以在放松的状态下游刃有余地应对突发状况。这是一种以柔克刚，以静制动，变被动为主动的策略。可以让你在为人处世的时候更加圆滑，更加从容。

7

能屈能伸，才是大智慧

大家都知道越王勾践卧薪尝胆的故事。春秋时期，吴王夫差凭着自己国力强大，领兵攻打越国，越王勾践被抓到吴国。吴王想尽一切办法羞辱越王，但是越王为了报仇，忍辱负重，假装忠心于吴王，最终吴王放松警惕，让他返回越国。当他回到越国后，越王艰苦奋斗，等待十年，使越国变得国富兵强，开始进攻吴国，最终使吴王成为阶下囚。

司马迁为了写成史记，虽然受了宫刑，但是忍辱完成了《史记》。如果当时的司马迁受不了这样的奇耻大辱，而选择自杀，那么就没有《史记》流传至今。韩信受胯下之辱，忍一时之气，成为豪杰之人。所以，自古以来成大事的人都有一个特点，就是能屈能伸，能忍他人所不能忍。

在人的一生当中，有两种境遇：一种就是顺境，一种就是逆境。逆境中，各种艰难险阻纷纷而至，会让人有强烈的无力感，这个时候应该懂得一个“屈”字，要隐忍苟活，委曲求全，耐心等待机遇，来谋求自身发展；顺境中，当天时地利人和的时候，要觉得利用这些顺势而上，以求长足发展。

在为人处世方面，道理也是一样的。身份高、地位高的人不要倚仗自己的地位，在接待比自己身份、地位低的人的时候，就趾高气扬，张扬跋扈，不可一世。对待他人，要懂得放下自己的架子，能屈能伸，以礼待人，以诚待人。这样才会得人心，才会得到人的拥护。

人这一生就是这样：每一次角色的转换都应该顺应自如和心甘情愿，处高可自得其乐，不狂妄自大；处低可抬他人之尊，成他人之美，也可以保持自身，因而也可得他人之提携、他人之善待和他人之感戴。这就是能屈能伸的精华所在。

在一个五星级酒店的门口，有一位老人在悠然自得地散步，看样子是好像刚到这个地方，正在熟悉环境。这时候，有一个老太太从出租车里走下来，拎着一只大箱子，显然是要在这里入住。但是老太太看起来非常疲惫，没有一丝力气拎这只箱子。

这个时候，这个老太太看到了这位先生，冲着那个散步的老人喊到：“老头，你给我提一下箱子，等会儿给你五十块小费！”说话的语气十分坚决，不容他人拒绝。

但是老人也没有生气，走过去帮这位老太太拎起着箱子就往里面走，一句话也没说。办好手续，又帮她把箱子拎到了老太太的房间。到了房间里面。老太太疲惫地说：“多亏了你，要不我还真的拎不上来。”说着给了他五十块钱小费。

接过那五十块钱，老人就往外走，这时候从门口路过一个服务员，看到这位老人十分尊敬地说道：“总经理，您怎么在这里？有什么可以为您帮忙的吗？”

“不用了，我只不过是帮这位太太拎了一下箱子而已。”老人从容地回答道。

“什么，您是这里的总经理？刚才真是对不起，我竟然让您给我拎箱子，还给了您五十块钱小费，请您原谅我，并把那五十块钱还给我，好吗？”这位老太太慌忙说道。

“不用了，您不用向我道歉，这五十块钱是我挣的，所以我不能还给您。”总经理郑重其事地把那五十块放在上兜里离开了。

真正成大器的人，是那种虽然身居高位，但是仍然谦和、有礼貌去对待平常人的人，他们知道如何放下身段、地位，去对待普通人。真正的人物，从来都是那些一直和平常人站在一起的人，能够做到能屈能伸的人。

在人生当中，我们每走一步路，都应该清楚地知道自己的目标是什么。为了实现这个目标应该去做出什么，可以付出什么。当我们弄清楚这些问题的时候，处于顺境才可以不失去自己的优势，处于不败地位；当处于逆境的时候，会从容应对，而不是只懂得抱怨，发牢骚，患得患失。

麦苗在冬天停止生长，不是畏惧寒冷，是为了储存力量来年更好地生长，所以当我们面对逆境时，要懂得利用周围的条件，在逆境中要顽强自立，能屈能伸，不要以硬制硬，而要懂得刚柔并济的道理，只有这样，才能够从容面对复杂的人生。

要想做到能屈能伸，应该学会“隐忍”。这里的“忍”是要坚强的意思。遇到困难、挫折都是人生当中十分平常的小事。如果我们一遇到困难就退缩、妥协，那么我们一定成不了大气候。坚强，说起来容易做起来难，短时间内坚强容易，长时间内坚强却不容易。所以，我们可以用勉励自己的方法来做到这件事情。可以让你的家人、朋友监督你，当你松懈的时候，提醒你，警告你，使你不放弃，坚持更长的时间。

另外，还要学会“抓住机遇”。机遇在人的发展当中也是非常重要的。我们经常会说“如果当初抓住那次机会就好了”之类的话，说明我们经常会错失良机。所以说，当机遇来的时候，千万不要犹豫不决，瞻前顾后，左右摇摆。要瞄准时机，当机立断。

能屈能伸，才是大智慧。在这里最重要的一点就是，我们要意识到目标的重要性。目标是人生的指南针，是人生当中的灯塔，是启明星。所以，要弄清楚自己的目标，并且要认准了它一直前进，这样才会有一个好的心态去面对人生当的中顺境和逆境，才能够为了目标而做到能屈能伸。

第九章

DI JIU ZHANG

学会给自己降降压，给负面情绪找个好出口

世界上没有不想快乐的人，只有不肯快乐的心！在这个快节奏的社会，我们时刻都面临着各种各样的压力和挑战。实质上，学会给自己降压，保持好心态，为自己的负面情绪找个好出口，让自己时刻开心快乐，才是最重要的。

∠ 1

别让悲伤 “逆流成河”

在这个世俗社会中，我们会因为考试没有发挥好而悲伤，会因为工作努力而没有得到应得的回报而悲伤，会因为被他人误会而悲伤，会因为亲人的离开而悲伤，会因为遇到困难而无法克服而悲伤，悲伤是自己遇到没有做到或者是无法改变的事情的一种心理状态。悲伤的人会情绪异常低落，会对任何事情提不起精神来，会灰心丧气，一蹶不振，毫无斗志。

如果一直处于悲伤中无法自拔，让悲伤“逆流成河”，那么这会造成严重的后果。其实，多数使我们悲伤的事情都是没必要的，只是白白浪费我们的时间，伤害我们的感情。考试还可以好好准备，下次再考；工作可以继续努力，总有得到回报的那一天；误会也会消除。收起你的悲伤，才会迎来快乐的生活。

有一位男士出国旅游的时候，带回来一个华丽的杯子，他十分喜欢这个杯子，为此，他专门为了这个华丽的杯子定做了一个漂亮的座子，然后和杯子放在家里最显眼的位置上，想让来做客的人都欣赏到这个漂亮的杯子。

为了这个杯子，他可是煞费苦心，经常小心翼翼地擦拭它，以使它保持光亮。而且他还不让孩子接近这个杯子，生怕它被孩子在打闹的时候弄碎了。他也不让妻子接近，怕她在打扫卫生的时候把它摔坏。就这样，在家里，全家人都变得小心谨慎，家里失去了原来的欢声笑语。

有一天，这位男士自己擦拭杯子的时候，一失手，把杯子给摔坏了，他特别伤心。整天愁眉苦脸的。对任何事情都提不起兴趣来。因为他实在是太喜欢那个杯子了。就这样度过了很长时间，家里的气氛更压抑了。

悲伤，会打破我们原来平静的生活，给自己和他人增加无谓的烦恼。所以，与其整天忧心忡忡，不如放下悲伤，迎接快乐，要知道，悲伤也是一天，快乐也是一天，我们为何要选择悲伤呢？故事中的男士就因为一件在常人看来十分小的事情而感到悲伤，以至于影响了正常的家庭生活。其实他应该趁那个华丽的杯子被摔坏的机会，重新回到原来平静的生活，不要因为一个杯子而失去一些更为重要的东西，我们要学会在得到与失去之间，更加从容淡定。

杨强是一个中型企业的总裁，在他即将退休的时候，他在一次体检的时候检查出得胃癌。他特别伤心，以至于病情急剧恶化，只好住进医院，他的家人为他找到了当地最好的胃病专家，专家一致认为他应该住院接受治疗，放弃工作。从此，他就整天在医院里吃药，输液，而且食物也有严格的限制，许多美味的东西都无法再吃。这种情况一直持续了好几个月，杨强觉得自己像一个只会吃药等死的废物一样，毫无生机。

有一天，病床边上一个得胃癌的老人去世了，杨强突然意识到，自己的生活不能够在这样悲观下去了。如果他每天的生活除了等死再没有别的，那还不如好好利用剩下的这些宝贵时间，做一些有意义的事情，反正怎么都会死，不如选择一个自己高兴的事情去做。

就这样，杨强坚持出院了，出院之后，他决定带着妻子去他们年轻时一直计划去的地方转转，完成年轻时梦想，因为这些年，一直以工作忙当做借口往后拖这件事。正好现在有时间了，就出去看看这个世界。

杨强这一走不要紧，一走就是一年多。杨强出去之后，觉得自己的生活不应该这么萎靡下去，应该去更多的地方感受不同的生活。就这样，他带着妻子，走了更多的地方，在许多地方都留下了他们的欢声笑语。在这个过程当中，杨强似乎也忘记了自己的疾病。

在这一路上，他专心享受着自己最后的时光，渐渐地，他不再吃药，而且疼痛的次数也在减少。等他一年多以后回到家里去医院检查的时候，奇迹发生了，他的病情非但没有恶化，还有了好转。他十分开心，决定抱着这样一个积极的心态继续活下去。

杨强的经历告诉我们，悲伤是一种慢性的毒药，它可以趁人不注意，侵蚀你的五脏六腑。治疗的最好办法就是靠自己。在日常生活中，我们一定不要为了一些无所谓的事情烦心。因为这些事情没有任何意义，只会让你不开心，不会改变什么。

人们所处的环境和自身的遭遇的好坏，都是无谓的。问题的关键是在于你如何去面对他，如何处理它，如果只是看到消极的一面，使自己时刻处于悲伤的境遇，那么你只能是不停地抱怨，不停地叹息，不会得到一点点的改变。如果你是积极地去面对它，那么你就会愈挫愈勇，生活也就会越来越好。

就像是你在沙漠里看到半杯水，你是应该为这半杯水而高兴呢？还是因为只有半杯而悲伤呢？这是两种截然不同的态度，这也是截然不同的两种人生。决定权在自己的手中，但是哪种结果是好的，是不言而喻的。

所以说，在任何情况下，都要保持一颗乐观的心，上帝在给你关闭一扇窗的时候，会给你打开另外一扇门，所以任何时候，都请不要悲伤。生活是有限的，希望却是无限的，胜不骄，败不馁，在你不利的境遇中看到积极的一面，给自己鼓励，给自己信心，不要让悲伤“逆流成河”。

2 事情永远没有想象的那么糟

有句俗话说得非常好：塞翁失马，焉知非福。在现实生活中，我们经常会遇到一些失败和挫折，有的人，在面对失败和挫折的时候，会格外抑郁，甚至会一蹶不振。而有的人，总会在失败和挫折当中，保持积极乐观的心态，他们会在困境中发现积极的东西，找到希望，等待转机的出现。这两种截然不同的态度，会造就不同的人生。

在这个高速发展的社会中，竞争日趋激烈，我们每个人无时无刻不在面临新的挑战和机遇，也面临被淘汰的局面。我们当中的一些人，总会过分的焦虑，这种焦虑不会给自己带来任何好处，反而会给自己带来更大的压力，让自己停滞不前。所以说，我们要学会克制这些负面情绪，给自己解压，要时刻暗示自己，事情没有想象中的那么糟糕，要在黑暗当中寻找光明。

在生活中遇到问题是不可避免的。问题的关键是当困难来临的时候你怎么面对它们。我们应该做的不是怨天尤人，自暴自弃，而是应该积极向上地寻找解决问题的办法。千万不要放大问题，因为它们未必是我们想象中的那么糟糕，更不要把这些困难，归结于自己运气不好，能力不足。

南方有个卖香蕉的小商人，这个商人为人大方和蔼，不斤斤计较，乐于助人，而且他卖的香蕉味道非常好，因此生意一直很好，经营多年以来，从来没有发生过滞销的状况。

有一天，市场里发生了一场火灾，庆幸的是，由于消防员的及时赶到，大火没烧到这位商人的摊位前面，也没有给这位商人造成财产损失。

但是，由于着火时高温以及烟雾的熏染，造成香蕉的表面上都长出了一个个的小斑点。虽然没有影响香蕉的口感，但是，这些香蕉看起来实在不好看，因此销量骤减。

商人看在眼里，急在心里，因为香蕉再不卖掉就该腐烂了，到时候亏本是肯定的了。虽然商人很着急，但他仍然在努力地想办法。正在他一筹莫展的时候，他灵光一现，想到了一个好办法。

于是，他趁市场装修之际，把这些香蕉运到其他的地方去卖，而且宣传说他这些香蕉是“芝麻香蕉”，味道好，口感好，长相独特，结果引起了大家的兴趣，纷纷购买，于是乎，这个商人的香蕉就被抢购一空了。

通过这个故事，我们可以知道：当我们在困境中，如果能够保持乐观积极向上的心态，那么一般情况下，事情都会发生转机，会得到圆满的解决。如果我们只是盯着事情不好的一面看，被自己的负面心情笼罩，那么问题不但不会得到解决，而且还会被无限放大。

莫泊桑有句名言："人的脆弱和坚强都超乎自己的想象。有时，我可能脆弱得一句话就泪流满面，有时，也发现自己咬着牙走了很长的路。"所以，不要把事情想象得那么糟糕，在困境当中，坚持一下，再坚持一下，走着走着，你就会发现自己有多厉害。在你的坚持当中，事情也就得到了解决。

桌子上有半杯牛奶，悲观的人看到说："就剩下半杯牛奶了"。而乐观的人看到说："还有半杯牛奶呢!"所以说，一个人的心态是非常重要的，但是，我们经常自己把自己吓坏，本来可以解决的问题也变得困难重重。

所有的事物既有它消极的一面，也有它积极的一面。"塞翁失马，焉知非福"，这个耳熟能详的故事，就明确地指出了任何事物都有其双面性，我们不应该被事情的消极的方面蒙蔽了双眼，而应该全面看待所有问题，看到积极的一面。因为任何事情都不会是绝对的。

所以说，我们要保持乐观的心态，要知道，生命的潜能是无限大的，而且在困境中也容易被激发出无限的可能性。正是因为我们在沮丧、困境当中的那些遭遇，事情才会出现柳暗花明的那一刻。

要想保持一个乐观的心态，就应该做好吃苦的准备。任何事情都不会是一蹴而就的，也不会一下子就会成功。长时间的奋战是成功的基础，是一个人必经的磨砺，要想取得成功，就要在困难中坚持下来，坚持的时间越长，成功的可能性就越大。

一个人，只有在相信自己的时候，才会做出正确的抉择，才会有坚持下去的勇气和信心，才会有取得胜利的动力和信念。相信自己的能力和实力，才会有信心解决问题，克服困难，才不会在困境当中一味的悲观，一味的妥协，才会以更好的姿态面对未来。

遇事放宽心，摆脱焦虑烦躁的情绪，我们才会对未来充满希望。当我们有了希望的时候，就有了继续下去的毅力和激情，才会笑着面对人生的中更多的挑战，才会比常人取得更大的成功。所以，任何时候都要保持好心态，从容面对人生。

∠3
学会减压， 生活才可以更轻松

现实生活中，人们都会遇到各种各样的压力。工作、学习、家庭、前途等方面都会给自己带来压力。有时候，我们会觉得压力太大，使自己的正常生活受到严重的影响，过得不快乐。因为压力太大而导致精神分裂，甚至自杀的行为也屡见不鲜。

人们生活在这个世界上，大多觉得很辛苦，生活中总会发生一些突如其来的事情，让我们防不胜防。这些事情会让我们陷入一种茫然、焦急、狂躁的情绪当中，如果这些情绪、压力没有得到及时的排解，会使我们的生活大打折扣。

随着社会进步，竞争的日趋激烈，人们越来越注重生活质量，因此，也更加努力地工作，以求更好地享受生活。与此同时，人们的压力也越来越大，如果这种压力超过了自己内心能承受的重量，会带来无法预计的后果。生活中，过多的需求，过多的欲望，过多的期待，都会让我们的身体超负荷运转，会让我们承受不住这么巨大的压力，甚至会让我们感到绝望。

有压力就会有动力，但是过分的压力便会成为一种负担，所以，我们要学会给自己适当的减压，让自己过得轻松一点，惬意一点，让我们在繁忙的工作之余，更加懂得享受生活，体验这美好的世界。

有一位猎人看到一件有趣的事情。有一天，他偶然发现村里一位平时不苟言笑的老人正在与一只小鸡对话，他和小鸡还聊得不亦乐乎。这位猎人很奇怪这位老人的行为，便跑过去问他："您为什么要和一只小鸡说话呢？而且您还和它聊得那么开心。"

老人没有直接回答他的话，而反过来问他：“你为什么不把你的弓时刻放在你的弦上呢?”

“如果一直放在弦上，那么弦就会失去弹性了。”这位猎人说道。

这时候，老人说道：“我和小鸡说话，道理也是一样的。”

从上面的小故事，我们可以看到：生活中是不需要过多的压力的，有压力固然可以帮助我们进步，但是如果压力过多了，便会让弦失去弹性，从而降低本身的价值。

王晓在一家著名跨国公司上班，刚来到公司的时候，他信心满满，努力工作，得到了领导的常识和认可。但是最近，由于工作量的增多，工作压力增大，他经常自己自愿在公司加班到深夜，就这样，连续加班一个多月。

但是，当你越想做好一件事情的时候，就会发现，越容易做不好，王晓也是一样。他这几天总是觉得自己精神不振，注意力不集中，而且好像得了健忘症似的。领导吩咐的事情，转眼就忘记，和客户约好见面，也常常会迟到，甚至忘记为什么要约客户见面，妻子交代的事情也经常被抛到九霄云外。

后来，又一次因为忘记做领导吩咐的事情，他被领导叫到办公室里，领导关心地问他最近是怎么回事，工作总是漏洞百出。他只好如实相告，听了他的话，领导恍然大悟，给他放半个月的假，回家好好休息一下，找个地方转转，让他放松完了再回来上班。

半个月之后，王晓回来了，工作状态又回到了从前。领导也露出了满意的笑容。

故事中的王晓工作能力是没有任何问题的，他工作出问题，是自己给自己施加巨大的压力所造成的。在没有压力的情况下，我们可以游刃有余地做好身边的每一件事，但是当我们压力过大的时候，却发现做好一件小事也异常困难。所以，不要给自己施加太大的压力，让自己的心力交瘁、疲惫不堪；要学会忙里偷闲，给自己的一点空闲，生活才会更轻松。

压力是不可避免的，因此我们应该学会缓解压力，让我们的生活更加轻松。

要减压，就要清楚自己的目标。当我们的目标明确的时候，就有了强大的精神动力，我们在行动上就不会发生左右摇摆的状况，面对困难和挑战，也会更加有勇气和毅力，任何状况带来的压力和疲惫都不是可以接受并且是可以逾越的。

要减压，还要清楚自己的实力。知道自己的实力，才不会做白日梦，不会给自己制定不切实际的目标，才会脚踏实地做好每一件事，才不会好高骛远。就像是一个平时喜欢吃肉的人，如果每天都让他吃青菜，他肯定满足不了，如果一个平时喜欢吃青菜的人，如果整天让他吃肉食，那么他也消化不了。

学会减压，还要注意方式方法。方法不是每个人都合适，要根据自己的情况来选择减压的方法。故事当中的王晓是通过休假来减压的。而有的人可能就是需要向他人倾诉，有的人会喜欢运动减压，有的人可能喜欢食物减压。减压方法多种多样，选择一种适合自己的减压方法，让我们的生活变得简单惬意，变得更美好一点。

学会减压，最重要的一点是学会劳逸结合。劳逸结合是老师从小教给我们的道理，但是要做到这一点很困难。不妨试着去做，当我们劳累的时候，跟着家人去逛一下超市，当我们烦躁的时候，找一本喜欢的小说，找个没人的角落，坐在那里享受一下自己的空间，当我们寂寞的时候，找几个朋友聚聚，聊聊彼此的生活，你会发现，其实生活本来没有那么多压力，只不过是你把生活的压力放大了而已。

学会减压，学会释放自己，学会享受生活，在享受中工作，在享受中学习，在享受中生活，你会发现，生活很轻松、很简单。

4

学会顺其自然

有一位建筑师设计了一座非常精美的办公楼，在这座精美的办公楼将要竣工的时候，他的秘书问他，人行道应该怎么铺。这会建筑师什么都没说，只是吩咐他的秘书让他去买些草籽回来，把大楼之间的空地上都种上草。春天来了，草全部都长出来了，在大楼之间的草地上也被一些贪图便利的行为走出了一条条弯弯曲曲的没有规律的小路。

到了夏天，这位建筑师就让员工沿着这些踩出来的小路铺设了人行道。这个设计得到了附近人的一致肯定和赞扬。

使事情符合自然规律，顺其自然，才是做好工作的根本所在。世间万事万物都有一定的规律，顺之者昌，逆之者亡，对任何事情都不偏执、不固执，顺其自然，才是最明智的态度，才是最应有的想法。

林黛玉喜欢花，当花儿谢了之后，非常伤心，还专门为之写了《葬花吟》。其实，这都是给自己增加烦恼的行为。因为花开花落都是自然的事情，无论你伤心与否，花儿还是会谢，还不如保持一颗平常的心态，顺其自然，当花开的时候就多欣赏几次，花落的时候，也不要徒伤悲。所以说，不管外界的环境发生什么变化，我们都应该做到不以物喜，不以己悲，超然物外，淡然知足地立足于人世间。

我们经常会听到许多抱怨，抱怨做不完的作业、做不完的工作，收拾不完的家务、陪不完的客户。当我们的身体被这些事情所累的时候，不妨停下来想一想，作业是立刻要交的吗？工作是今天必须要完成的吗？家务是立刻要收拾完的吗？客户是要立刻都谈的吗？问过自己之后，你会发现，其实有很多事情，不是要立刻去做的，是我们自己给自己施加了压力，逼迫自己成为了一个陀螺，不停地运转，丝毫不能停歇。

这个时候，我们应该做的就是顺其自然，该做什么事情的时候就去做什么事情，给自己一点点放松的时间，学会享受生活，而不是焦急地把事情一口气做完，给自己造成无谓的压力。当别人看电视的时候，我们可以放下手里的工作，加入到他们的行列，当看完喜欢的节目之后，再带着快乐的心情去做自己的工作。这时候，你会发现工作其实也没那么枯燥。生活也美好了许多。

在一个有着独立的庭院的房子里，有一对父子站在院子里聊天，儿子对父亲说："爸爸，你看前面那块草地有一片已经枯萎了，好难看，咱们快点去买点草籽种上吧。"

爸爸却十分淡定地说："不着急，什么时候有空了，我顺路去买一些草籽，什么时候都能种上，什么时候也能长出来，不急。"

就这样一直到中秋的时候，父亲才把草籽买回来，交给儿子说："去吧，把这些草籽种上吧。"这时候，已经开始有北风了，儿子一边撒，草籽一边飘。

儿子着急地对父亲说："爸爸，好多草籽都被风吹走了！"

"没关系，被吹走的都是一些空壳，剩下的都是一些饱满的种子。"

到了傍晚的时候，院子里飞来了很多麻雀，挑着把地上的草籽吃了遍，儿子连忙到那片草地上边赶麻雀边叫父亲："爸爸，麻雀把草籽吃光了！"

但是爸爸还是说："这么多草籽，麻雀也是吃不完的，总会有剩下的。"

到了夜里，来了一场秋雨，听着外面的雨声，儿子忧心忡忡地说："这些草籽都被雨水冲走了。这可怎么办呀？"

爸爸不慌不忙地说："草籽被冲到哪里就在哪里生根吧，一切顺其自然吧！"

到了春天，万物复苏。去年那片光秃秃的草地上竟然长出了许多嫩嫩的小草，儿子高兴地对父亲说："爸爸，我去年种的草，竟然长出来了！"

父亲这个时候对儿子说："一切随缘，顺其自然，任何事情都不要着急。"

听了父亲的话，儿子若有所思地明白了父亲之前所说的那些话。

这位父亲是一位懂得人生大道理的人。能做到对一切淡然处之，顺其自然，不强求，不勉强，不刻意追求，有时候，反而会有另一番收获。

但是，顺其自然不是一味地放纵自己，也不是一味地随波逐流，更不是一味地求尽善尽美，而是应该在不断学习，在不断增加学识的基础之上对事情一个正确的认识，在正确认识的前提下，沿着自己的人生道路踏实快乐充实地走下去。

当我们无法改变周围的世界、无法改变周围的社会的时候，当我们无法改变我们的命运的时候，当我们无法控制自己的情绪的时候，我们要告诉自己，顺其自然。

当我们遇到挫折和困难，当我们感到绝望的时候，当我们发现理想和现实有很大差距的时候，我们要告诉自己，顺其自然。

人们如果都可以做到一切顺其自然，都朝着自己的梦想而努力，朝着自己的目标而奋斗，就能够得到自己想要的生活，实现自己的人生价值。相反，如果一切事情都去勉强自己，去强求他人，让自己时刻处于压力之下，让他人也不得片刻放松，最终只会一事无成。

天行有道，不为尧存，不为桀亡。春夏秋冬，花开还会谢，人走还会回，任何事物都有其规律性，我们无法勉强。古人说得非常好，车到山前必有，船到桥头自然直。对任何事情，抱有一种达观从容的态度，持有一种豁达的心胸，顺其自然，才会赢得完美人生。

5

给自己的坏情绪找个“无害出口”

在南非世界杯的时候，有一位巴西球迷因为自己热爱的球队输掉比赛而自杀，他用这种方式来宣泄自己对球队的坏情绪。这种报道让人震惊，令人匪夷所思，同时，这样的报道也引发了许多人深思，人的一生，会有很多情况导致不如意，过分的压力会让身体和精神受到双重伤害，因此适度的宣泄不但可以使不良的情绪排解出来，让我们紧张的情绪得以舒缓，而且也有利于身体健康。但是，如果不恰当的排解方式，会使我们进入误区，给我们自身造成巨大的伤害。

采用不恰当的方式排解坏情绪，给自己的坏情绪找到一个“有害出口”，那么就等于自己害自己，拿起石头砸自己的脚。所以我们在发泄自己坏情绪的时候，要掌握好分寸，找好方式。否则，只能是害人害己。当一个人被坏情绪折磨的心烦意乱的时候，适度发泄自己的情绪会像大风吹散雾霾一样使人酣畅淋漓。

2013 年底上映的电影《私人订制》，就是为一些有特殊需求的人，量身定做一些要求好的剧情，来发泄对某些事情的不满，或者对某些事情的期待，这也是一种发泄的方式，是用金钱的方式来发泄自己的情绪，来满足自己内心的需要。当今社会还兴起一些职业，是供别人发泄情绪的职业。这种职业专门给顾客提供一些道具，让顾客来发泄自己情绪，而且发泄的方式一般都是使用暴力的方式，这样的发泄方式是最快捷的，可以在最短的时间内，达到最有效的效果。

其实，发泄坏情绪的方法有很多，但是有一个前提就是不能因为发泄情绪而伤害自己或者他人，这样就会得不偿失。

栗志是个公司的部门经理，早上因为昨天喝酒而起晚了，发现就要迟到了，就急忙开车前往公司，早饭也没顾得上吃。为了节省时间，闯了几个红灯，在一个路口被交警拦下来，开了二百元的罚单。

这样一来，上班肯定要迟到了，还白白花了二百元钱。栗志心里窝了一肚子火。到了单位，看到昨天交代给秘书的事情还没有去做，气便不打一处来，便把秘书叫过来，一通痛骂。

秘书被骂之后心里也不痛快，便责怪总机小组没有提醒她去做经理交代的事情。

一大清早，总机小组被数落了一遍，心情非常不好，恰好这个时候，清洁工来打扫卫生，总机小组就看她不顺眼，借机数落了清洁工打扫卫生不到位。

清洁工百思不得其解，觉得自己没做错什么，因为平时也是这么打扫的，却没人批评她。她心里也一阵不舒服，但是她找不到发泄的对象，只好忍着。

下班回到家里，清洁工心里还是不痛快，她看到家里被女儿弄得一团乱，女儿作业也没写，却在那里看电视吃零食，便把自己的女儿修理了一通。

女儿被妈妈数落一通，心里也不舒服，回到房间准备写作业，看到有一只大懒猫在阳台上晒太阳，便跑过去，把猫臭打一顿。受了气的猫，便跑到了大街上游荡，这个时候，栗志从这只猫的旁边走过，栗志觉得这只猫非常可爱，便想过去摸它，没想到这只猫，为了防止别人打它，竟然警惕地抓了一下栗志。倒霉的栗志被弄破了腿。

就这样，一环接一环，不同的人因为一个人的坏情绪而受了气，转而发泄给别人，这样，你的坏情绪就转移到别人的身上，毫无休止。所以说，我们发泄情绪的时候，要注意方式方法，不要把坏的情绪转移到他人身上，要用适当的方式发泄自己的情绪，让它终止，而不是让它转移到另外一个人身上。如果因为自己的原因导致他人产生不良情绪，这样你的发泄是不恰当的，因为你的坏情绪没有得以消除，只不过转移到一个主体上去了。

我们每个人都会有心情抑郁的时候，工作上的不顺利，生活上的不如意，人际交往的冲突，这些都会造成我们心理各种各样的坏情绪，身体里的坏情绪如果不及时、不合理地发泄出去，是会影响我们身体健康的。如果可以及时发泄出去，这样才不会影响到我们的身心健康。所以，找到一个合理的发泄方式很重要，其中一个非常重要的方式就是倾诉。

倾诉和冲别人发泄不一样，倾诉只是在诉说内心的坏情绪，你的情绪没有转移，而只是通过诉说的形式表现出来了，而冲他人发泄却是把这些坏情绪转移到一个与这些情绪毫无关系的人身上。倾诉的时候，要找一个合适的倾诉对象，要找一个信得过的朋友或者亲人交流，因为这样，我们才可以肆无忌惮地发泄自己的不良情绪，而不怕被他人误会。

还有一个很重要的方式就是使用道具进行发泄。这是一种非常好的方式，可以避免他人受到你的坏情绪影响，也能使自己的坏情绪尽快散去。一般情况下，都会借助于一个物体，对其进行暴力宣泄，经过一系列的拳打脚踢，你的坏情绪就会得到释放，心里就会恢复平衡。

另外一个很好的方式就是适度的哭泣。哭泣当中，人可以宣泄不良情绪。有研究表明，女人比男人长寿，有一项原因就是女性喜欢哭泣，因为，哭泣的时候，可以通过这种方式来发泄自己的情绪。所以，在情绪无处发泄的时候，不妨选择哭泣的方式。

给自己的坏情绪找个无害的出口，这种出口方式很多，要根据自己的情况来选择适合自己的方式。要争取在发泄之后，自己心情会变好，而且也没有发泄到其他无辜的人身上去。

6 适度发点牢骚也不是坏事

在这个高速发展的社会，我们每天都面对巨大的压力，升学，工作，家庭，父母，孩子。当这些东西一齐压向我们脆弱的身体的时候，如果不及时排解掉，会给我们的身心带来巨大的伤害。但是排解压力不是每个人天生就会的，了解怎么排解压力会更方便快捷，还能达到预期效果，也是非常重要的。

大家都知道，女人天生爱发牢骚，爱唠叨，我们小时候会经常冲着别的好朋友抱怨："我妈烦死了，天天唠叨我。""我妈又跟我发牢骚了，一个问题重复一百遍，真是的。"众所周知，有一些人，尤其是女人们，天生爱唠叨，她们喜欢喋喋不休地讲一些事情，说一些家长里短的话，这些话听起来没什么用，其实不然，这些话可以让她们释放生活所带给她们的压力。因为她们每天要工作，下班了还要关心孩子的学习，照顾老人，收拾家务，没有一点空闲时间给自己放松。这么大的压力如何排解？就是通过发牢骚。

当人们遇到什么不顺心的事情，发发牢骚，适度地疏解一下压力，避免不良情绪的积压，有利于家庭和睦，工作顺利展开，是一个非常不错的选择。反之，当有压力的时候，因为种种原因而不发泄出来，有可能演变成身体和心理上的双重疾病，这样是得不偿失的。

因此，在我们感觉到压抑或者心情不舒畅的时候，适当发牢骚，缓解焦虑的情绪。以最小的代价来换来一个好心情，何乐而不为？

在一家国际著名的大企业里，经理非常注重为员工提供发泄自己的情绪的渠道。经理为员工设立吸烟室，里面免费提供各种香烟，供员工使用。里面还摆放着一个像极了经理的模型，如果工人在工作中受到了不合理的待遇，那么他可以随意地抽打这个模型来解气，发泄一下心中的不满情绪。

等这个员工抽打完了，这个模型还会自动播放语音留言："你可以抽打我，我们可以有分歧，但是我和你们有一个共同的目标，就是我们公司的长远发展。"当然，这还远远不够。经理还非常努力地工作，要让每个员工感觉到，他们的经理是辛苦的，我们应该帮助他。

还有一些企业，设定了一个 HopDay（发泄日）。意思是说，在每个月专门找出一天时间来供员工发泄心中的不满。在这一天，员工可以对上司说任何不满意的话，可以任何顶撞，笑话上司，而领导不允许公报私仇，这种形式可以让下属平时积攒的不满情绪得到释放，从而大大减少了员工和企业之间的冲突，缓解了他们的工作压力，从而提高了工作效率，进而也可以使企业保持了良好的势头。

甚至还有一些企业，经理为了减轻员工压力而想出一个吃饭的方法。就是每个月请员工吃一次饭，吃饭的时候员工可以根据自己在工作中遇到的问题发表自己的意见，包括不满和牢骚。意见发表完之后，再提出相应的解决措施和建议。举行这种形式花费的金钱和时间很少，效果却非常好，人们的意见和不满得到了及时的发泄，员工的工作热情也一直得以保持。

其实，这些公司使用的这些方法，并不是为了让员工发泄情绪而发泄。本质上来讲，是一种沟通方式，这种沟通可以达到舒缓情绪的目的，可以调解员工和领导的紧张气氛，提高了工作效率。

大家都对发牢骚抱有一种误解，觉得它只能影响正常的人际交往，却不知道发牢骚可以带来巨大的好处。适当发牢骚可以保护人们免受精神抑郁症、心脏病发作及身心失调的损害。其积极的意义便在于，发牢骚可以使人对自己的处境进行分析，从而使发牢骚成为一种找到问题、解决问题的关键性一步，在他发牢骚的时候，便可以对事情进行分析和规划。而且，发牢骚可以从生理上提高人体肾上腺素的分泌，有助于防止过虑带来的精神压力，进而达到预防精神疾病的目的。

任何人之间，都需要彼此的信任和合作。一起工作的人、一起生活的人，都需要同心协力才会把彼此之间的利益最大化。而有人与人的交往，就会有人与人之间的冲突、隔阂、猜忌、怀疑，这些东西不但会阻碍自身的发展，而且会阻碍整体的发展。要避免这些就需要一个有效的沟通手段，排解这些不良的情绪，并加以有效的疏导，这样才可能真正地达到互利共赢。

因此，适度的发发牢骚不算坏事，这算是正常的不良情绪的排泄，比把这些情绪放在心里要好得多，但是发牢骚也必须找到一个能忍受，并且懂得理解及对待这些牢骚的人，这样，发牢骚才会达到预计效果，如果只是一味地发牢骚，对方不能理解，那就达不到应有的作用了。而且当你在发牢骚的时候，应该注意，不要就一个问题反复经常地发牢骚，这样，无论听众是谁，都不能忍受，而且自己也会因为这一件事而过分分心伤神，更不利于事情的解决。

所以，请善待身边发牢骚的人吧，不妨静下心来认真听一下别人的看法，也许你会帮别人一个大忙，也许你会在对方身上得到启发。也许你也会用这个方法，排解自己身上的不良情绪和压力。

7

丢掉幻想，给自己一个切合实际的定位

古语道：“人要实，火要虚。”此话的意思就是说做人要脚踏实地，才能事业有成。这就是告诉我们，做人要实际，不要有过多的幻想，要时刻给自己一个切合实际的定位。

我们身边有很多人，正是因为对自己定位不够准确，才会使自己过得不愉快。比如说有很多大龄剩男剩女，我们看起来各方面素质并不是十分突出，但是他们的择偶标准却非常高，身高、学历、家庭、工作、性格，样样都要有，样样都要行，在挑剔别人的时候，却没有用一个合理的眼光看待自己。最后把自己的青春耽误掉，年龄很大，没有成家的原因依然想不明白，整天对着他人抱怨，怎么就没有一个合适的人呢？

大家都知道台湾著名的漫画家朱德庸，之前的《涩女郎》、《双响炮》、《醋溜族》，都是大家耳熟能详的作品。在他成名以前，他的梦想一直是当一个作家，在追求了几年之后，发现他对文字的敏感性实在是欠佳，于是转而向他所热爱的画画发展。

慢慢的，就有一些人发现了他的漫画，为他开设了漫画专栏，因此他的粉丝也越来越多，最终成为了一名著名的漫画家。后来他自己回忆说，当时他坚持当作家的时候，就有好多阻拦他，觉得他的想法不切实际，因为他对文字确实不太精通。但是他不听取别人的意见，一意孤行，觉得只要自己坚持，就一定会取得大家的认可。但是事实胜于雄辩，事实证明了他的坚持是不对的。因为，他的想法是幻想，是不切实际的。只有丢掉幻

想，才能给自己一个出路，才可以让自己活得更成功。

其实每个人都应该给自己一个清晰的定位，丢掉幻想，认清自己的长处、短处，并加以利用和避免。不幸的是，很多人没有意识到这一点。以至于他们在实现目标的时候，觉得自己付出了极大的努力，却没有得到应有的回报。其实原因不是在于回报不够多、不够好，而是在于自己的定位过高而已。这种不切实际的定位导致在自己的潜意识里削弱了自己的付出，而放大了自己应该有的回报。

试想一下，如果鲁迅不弃医从文，那么他不可能成为一代大文豪，做出推动历史进步这样的大事情。班固如果不投笔从戎，也许他的一生只不过是一个碌碌无为的文人。决定木桶容量的不在于最长的那一根木头，而在于最短的那一根。丢掉不切实际的幻想，给自己一个切合实际的定位，这样我们才可以更加清楚地看清自己的前途和未来。

有一位大师隐居于山林中，悟透人生哲理，虽然生活简朴，但是一生自在快乐，有很多生活不如意的人都很仰慕他的名声，不远万里来找他学习生活之道。

当他们到达山上的时候，看到大师正在用一只木桶挑水。水桶很大，但是里面的水却很少，按着大师的体力和年龄，大家都觉得应该能挑一整桶的水。

他们非常不明白大师为什么不挑满一桶水，而是就挑那么一点。如果挑满的话，这样可以多挑很多水。于是他们就去问大师。

大师回答说："我挑水不在于挑得多，而在于挑得够用，如果我只是一味地贪多，会适得其反的。"

听了这样的话，他们更不明白了。于是，大师把水桶放下，让一个人回到山上，挑满一桶水。那个人挑得十分吃力，而且走得非常小心翼翼，虽然很小心，但是还是不断地有水洒出来。当那个人走到他们面前的时候，水已经洒得很多了。

这个时候，大师把水桶拿过来，笑着对大家说道："这就是我为什么总不挑满一桶水的原因，因为如果我挑满了，水还是会洒出来很多，我还要因为挑得多而辛苦劳累，所以，我干脆就挑少一些，够用就可以。而且你们看，我这个桶里划着一条线，水绝不能高于这条钱。高于这条线，就超过了我的能力了。”

众人向前一看，那条线正好在刚才那个人挑剩下的那个水位附近。

做人如挑水一样，丢掉幻想，恰当定位，才能避免走许多无谓的弯路。在当今社会，有的人就像文中那个挑了一满桶水的人，总是幻想可以用最少的付出得到最大的回报，这种人是急功近利的人，他们总是幻想得到最多，却往往事与愿违，最终只能在患得患失中度过。

如果任何事情懂得循序渐进，每一个过程都不急不躁，才会比其他人收获更多。道理其实很简单，但是生活中，能懂得这个道理，而且真正去实现的人其实并不多。我们都是普通人，但是我们都希望自己是个不普通的人，当自己的希望和现实有差距的时候，我们才会产生幻想，幻想自己可以成为那个幸运儿，实现自己的愿望。不过，幸运儿是少数，大多数人还是平凡地度过了一生，因为他们在自己追求理想的过程中，没有量力而行，没有给自己一个合适的定位，在不经意间的时候，就坠入幻想的境地当中。

人生一世，需要走的路还很长，哪怕只是一步之距，也得与自己一步的宽度相同才行，这样才可以走得稳。如果每个人都可以很轻易地过得很好，那么世界上也不会有这么多平凡的人了，所以说，我们要丢掉幻想，给自己一个合适的定位，一步一个脚印地去完成自己的目标。如果轻而易举就能越过最好；如若不能，为何不一步一个脚印地去完成呢？

第十章
DI SHI ZHANG

愚蠢的人只会生气，聪明的人懂得争气

人生有顺境就会有逆境，因为逆境而垂头丧气，只配拥有浅薄的人生。真正精彩的人生需要磨炼，在逆境面前一味抱怨、生气，那么你注定是个失败者。真正有智慧的人不会抱怨，而是用生气的时间来提升自己、成就自己。

∠1

抱怨是世界上最没有价值的语言

我们常常听说人生中遭遇的困境其实是一笔财富，因为它可以磨炼你的意志。但是实际上很多人在陷入困境的时候却只会抱怨，完全不知道如何想方设法寻找解决的途径，这样一来，你不但得不得到“财富”，反而还会丧失信心。

要知道，人生是一段未知的旅行，谁都无法左右下一秒会发生什么。如果不幸陷入困境，我们绝不能让自己的心长时间泡在抱怨的污水里，因为抱怨是世界上最没有价值的语言，解决不了任何问题，只会让人生气。

“开口抱怨，不如闭嘴做事”，这句话没有华丽的辞藻和复杂的修辞，只是一个普通父亲对儿子的训导，但正是这句朴实的话造就了一个成功的商人。这个人就是张明正。

张明正出身于一个贫寒的家庭，读书时成绩也不尽如人意，经常遭到老师的批评。高中毕业之后，张明正甚至连普通大学都没考上。拿到高考成绩之后，平时就爱抱怨的张明正变本加厉，不停地抱怨自己的家庭条件不好、抱怨父母没有为他创造良好的学习环境，但是从没看到自己的不足。

由于父亲确实没有能力为孩子创造良好的物质条件，因此张明正平时抱怨的时候他总是耐心地教育张明正要凭借自己的实力去取得成功，而不要像他一样一辈子碌碌无为。这次，父亲面对张明正的抱怨时却愤怒了：“张明正，我人生失败是我自己没有能力！但是你的失败该由你自己承担！你与其这样无休止地开口抱怨，不如静下心来埋头做事！”一向温和敦厚的父亲突然发了脾气，不仅震惊了张明正，也震醒了张明正。从此，张明正果然停止了抱怨，补习了一年之后成功考取了台湾辅仁大学应用数学系。

从此之后，张明正再也不抱怨自己出身贫寒，再也不抱怨世道不公，而是勇敢地面对困境和挫折，用“开口抱怨不如闭嘴做事”来引导自己的人生。正因为如此，张明正接受了自己出身贫寒的事实，已经输在了起跑线上的事实，那么要想提前达到终点，唯一的办法就是拼尽全身力气在人生的跑道上奔跑，而不是抱怨起跑太迟。

在大学期间，张明正就不断丰富自己，毕业之后经过努力创办了自己的公司。通过自己切身体会，“开口抱怨不如闭嘴做事”也成为了公司文化。在这一理念的推动下，他的公司很快就成长壮大起来。就这样张明正带领着他的员工秉承着“开口抱怨不如闭嘴做事”的精神，在商海中一路打拼，终于在高科技行业展露了头角并成为领军人物。

在短短的时间之内，张明正以5000美元在洛杉矶创业，经过商海沉浮，到现在拥有了世界上最大的单一软件公司——趋势科技公司。趋势公司市值高达70亿美元，曾经被权威杂志评选为全球前100名最热门的上市公司之一，而张明正也曾经连续两次被美国《商业周刊》推选为“亚洲之星”。

要知道，抱怨是世界上最没有价值的语言，因为它不会带你脱离困境，反而会令你深陷困境之中不能自拔。不抱怨，说起来容易，要一生做到却不是一件易事。人生就是一个不断遭遇挫折的过程，但是很多人在面对挫折的时候都免不了抱怨，只有少数人把挫折当做成功的垫脚石，将所有精力全部用在了克服挫折上，最终这部分人成功了。

要想取得成功，就不能开口抱怨，而是要把“到处抱怨”的“负能量”转化成“踏实做事”的“正能量”，这样才能克服重重困难，真正迎来成功。

曾经听到过这样一个小故事：有一个商人做生意，区区一个小小的黄豆，竟然被他想出了十几种发财的方法。他是这样规划的：如果黄豆卖得好是最好不过的，但是如果卖不好那么就有三种解决方法。

第一种是把黄豆磨成豆瓣酱出售；如果豆瓣酱销路不好了，那就腌了卖豆豉；如果豆豉也卖不动，那就加水发酵卖酱油。

第二种是把黄豆做成豆腐出售。如果豆腐做硬了就卖豆腐干；如果做稀了，就卖豆腐花；如果稀得连豆腐花也卖不成就卖豆浆。一旦豆腐不好卖就做成臭豆腐或者腐乳。

第三种是让黄豆发芽卖豆芽。如果豆芽不好卖就让它继续长大点卖豆苗；如果豆苗还卖不出去，就拿到学校门口和白领公寓门口当盆栽卖。如果还是卖不出去就赶紧找块地，把豆苗种下去，精心照料，收成黄豆之后继续卖。

或许在我们看来，这位商人的做法甚至有些可笑，但是我们相信成功一定会眷顾他，因为他不仅能预见到未来可能会遇到的种种困难，还能积极地找到应对办法，而不是消极地抱怨。

在现实生活中，一旦人的意识里有诸如不公平、不公正的念头时就会抱怨，并且只是抱怨。他们把抱怨当成改变现状的一种手段，他们抱怨老板、同事、家人、朋友，甚至天气，但是绝口不提怎么改变这种状态。因此抱怨其实是一种心理惰性和逃避问题的借口，人们通过发泄不满为自己的不作为找到的托辞。

想要进步，必须停止抱怨，不抱怨并不是不说话，不是逆来顺受，更不是一味忍受丑恶的社会现象。不抱怨的关键在于要勇敢地面对现实，处于逆境时要寻找解决问题的方式，找出成功之路，做自己的守护神。

2

悲观是自酿的苦酒

我国著名作家、哲学家周国平曾经说过这样一段话：“悲观主义是一条绝路，冥思苦想人生的虚无，想一辈子也还是那么一回事，绝不会有柳暗花明的一天，反而窒息了生命的乐趣。不如把这个虚无放到括号里，集中精力做好人生的正面文章。既然只有一个人生，世人心目中值得向往的东西，无论成功还是幸福，今生得不到，就永无得到的希望了，何不以紧迫的心情和执着的努力，把这一切追到手再说？”

悲观的人认为希望就是地平线，即使看得见也永远无法到达，认为做得再多再好也不过镜花水月，因此他们感到绝望，抱怨命运的不公，甚至用怒火发泄心中的不满。其实，失败不仅仅关乎能力，更关乎心态。悲观是一杯自酿的苦酒，如果你选择悲观处事，那么这杯酒会一直出现在你的身边，让你无时无刻不感受到这份苦楚。

美国有一位叫做塞尔玛的女士曾经就笼罩在悲观之中。婚后，塞尔玛跟随丈夫从军，令她没想到的是部队驻扎在沙漠地区，住的是铁皮房子，当地的气候非常恶劣，白天即使在仙人掌的阴影下温度都高达华氏125度；除此之外，他们的邻居都是印第安人和墨西哥人，因为彼此语言不通而无法交流。更糟糕的是不久丈夫奉命远征，只剩下她孑然一人。在这种情况下，塞尔玛终日愁眉不展，甚至迁怒于自己的丈夫。

在极度悲观情绪的折磨下，塞尔玛给父母写了一封信，希望能尽快回到美国的家中。

收到父母的回信之后塞尔玛高兴极了，但是拆开一看却大失所望。在信中，父母既没有安慰自己，也没有同意她回美国。薄薄的信纸上只有短短的几行字：

“两个人从监狱的铁窗往外看，一个看到的是地上的泥土，一个看到的却是天上的星星。”

塞尔玛看到这几句话之后不仅非常失望，还有几分生气，抱怨父母完全不能理解自己的感受。尽管如此，这封千里之外的家书还是引起了她的兴趣，因为那毕竟是远在故乡的父母对女儿的关心。她看着这几行字反复揣摩着，突然有一天一道闪光从她脑海中掠过。这道光驱散了之前所有的阴霾，照亮了塞尔玛的世界。

原来通过这短短的几行字塞尔玛发现了自己的问题，她过去过于悲观，就像是习惯性低头看一样，看到的只是泥土。那么从今天开始为什么不抬头看呢？抬头看，我们就能看到璀璨的星河。在我们的生活中一定不只是泥土，还有耀眼的星光。塞尔玛终于顿悟了，为什么不抬头寻找星星、欣赏星星，而非要死守着一汪泥潭抱怨呢？

塞尔玛不但这么想了，也开始这么做了。她开始主动和周围的印第安人、墨西哥人交朋友，结果她不但与这些好客、热情的人成了非常好的朋友，还得到了好朋友赠送的精美陶器和纺织品。她开始研究沙漠，慢慢地原本枯燥无趣的沙漠生活也变得多姿多彩起来：她欣赏沙漠的日出日落，感受沙漠的海市蜃楼，她每一天都享受着沙漠带给自己的惊喜。

塞尔玛变了，那个终日愁眉不展、抱怨生活的女人消失不见了，取而代之的是一个乐观积极的迷人精灵。后来塞尔玛回到美国之后根据自己在沙漠中的生活写了一本书——《快乐的城堡》，引起了很大的轰动。

在故事中，沙漠还是那片一眼也望不到头的不毛之地，没有变；铁皮房还是那所简陋的房子，没有变；温度还是华氏 125 度的高温，没有变；周围还是那群语言不通的印度安人和墨西哥人，也没有变。但是塞尔玛却发生了翻天覆地的变化，原因是什么？那就是她从悲观的情绪中走出来，乐观地面对生活，就是这一点变化，塞尔玛由一个痛苦的怨妇变成了沙漠中最快乐的女人。

我们每个人都渴望成功害怕失败，但是世界上不存在绝对完美的人和事，每个人和每件事都会有缺点，关键就在于我们选择怎样的态度：如果悲观的情绪占了上风，还没开始就已经预见到了失败，那么即使去做也不会全力以赴；如果积极乐观的情绪占了上风，即使没有达到目标也会在过程中学到很多做人、做事的道理。

我们无法改变由于先天或者后天造成的外表缺点，但是我们可以选择自己的内心状态和精神意志。“天生我才必有用”，即使是一片树叶，也能在烈日下为行人带来一片阴凉，因此我们首先要接受自己，肯定自己，不妄自菲薄，要知道任何悲观情绪都会对人生之路产生不良影响。

有的人可能会问，我一直以来就很悲观，应该怎么办呢？悲观的人要想甩掉悲观情绪，就需要多花些时间接纳自己、爱上自己，耐心改掉这种习惯。要知道，任何时候都有好与坏，没有一天是百分之百的“好”。人们之所以会抱怨生活的不公、社会的不平，主要原因在于对自己的处境总是抱着悲观的态度。科学家研究发现，如果一个人常常处于悲观的情绪之中，那么他在抱怨的时候神经细胞会不断分泌出让身体老化的神经化学元素，我们甚至可以说当一个人长期处于悲观和愤怒的状态时，那么无疑是在慢性自杀。

习惯于悲观看世界的人，要学会积极的自我暗示，引导自己发现生活中的美好。一个人只有拥有了乐观的人生态度，才能凡事往好处想，才能于困境中找到机遇和希望，才能有战胜各种困难的勇气和决心，赢得人生和事业的成功！

3

总会有人强过你，莫生气要争气

我国有一句流传甚广的俗语：“人外有人，天外有天。”也就是说我们要承认总会有人强过你。面对那些强于自己的人，愤怒、嫉妒是非常愚蠢的，因为那样只会更加突显你的浅薄和无知。真正有智慧的人遇到强者之后会马上意识到自己的不足，并努力缩小差距。

《弟子规》中有这样一句话：“唯德学，唯才艺，不如人，当自励。”当你发现自己不如别人，也就意味着自己努力还不够，生气只会让人更痛苦，甚至还可能失去理智而做出愚蠢的傻事。换个角度想想吧！别人付出的努力我做到了吗？别人的优点我该如何学习？一旦你能站在欣赏的角度真诚地赞美那些人，做到见贤思齐，你就会发现成功其实离自己并不遥远。

泽宇和文龙是大学四年的好哥们儿，毕业之后两人又同时应聘进入到一家公司的销售部。初到陌生的环境，两个人相互照应，关系比上学时更深了。经过一年多职场生涯的历练，泽宇在销售部慢慢展露出头角，业绩一直都很不错，经常得到总监的表扬，薪金自然也水涨船高，文龙却业绩平平。两个人毕业于同一所学校，又同时就职于同一家公司，泽宇在职场上风生水起，而文龙却是差强人意。文龙意识到了两人的差距，对泽宇的态度也慢慢冷淡下来，有的时候甚至会揶揄他几句。后来，当文龙的父亲问为什么不见泽宇来家里玩的时候，他愤愤地说："怎么能和那种靠拍领导马屁提升业绩的人交朋友呢?"

父亲听到这话非常惊讶，详细询问了具体情况，语重心长地告诫道："依靠别人的力量可能成功一次，但是不可能每次都做好，泽宇能够做出现在的成绩肯定有自己的优势。你要做的应该是看到他的优势并学习，争取能够迎头赶上，你现在的表现让我感到很失望。"听了父亲的这番话，文龙也很惭愧，随后主动与泽宇和解，并仔细观察他到底哪些地方做得比自己好。经过一段时间的观察，文龙自愧不如：在应对客户的时候，他远远没有泽宇的耐心；自己打游戏的时候，泽宇在埋头整理销售报表；甚至在周末休息的时候他还会抽出时间进行客户维护。此后文龙也开始全身心地投入到工作当中，遇到麻烦还会虚心向泽宇请教，终于大大提高了自己的业绩，两个人都成为了销售部的佼佼者。

"见不得别人好，讨厌别人比自己强"似乎是人们的通病，似乎每个人都喜欢样样做第一、事事争先，一旦发现有人做得比自己好就心生愤怒，嫉妒不已，就像故事中文龙一样妒忌工作比自己出色的泽宇。但是不是每个人都能像文龙一样及时调整方向，提高自己的能力，很多人争名夺利，让妒火淹没了良知和理性，甚至无情地烧毁他人也灼伤了自己。

哲学家黑格尔曾经说过："有嫉妒心的人自己不能完成伟大的事业，便尽量去低估别人的伟大、贬低别人的伟大性，使之与他本人相齐。"纵观生活中也是如此，人们嫉妒的对象往往是与自己经历相似的人，多是同学、同事和同龄人。我们很少见到工人嫉妒学者、保姆嫉妒科学家的情况。

但是，值得注意的是，有欲望的人才是真正的人类，人总是不自觉地与周围的人进行比较，以从中谋取优越感和利益。如果一个人连这个兴趣都没有的话，那么他不可能有进步。我们甚至可以说竞争从人出生一直延续到生命的最后一刻。在这里，我们无意纠结于人的劣根性，而是希望人们在看到与别人的差距之后能够汲取有益于自己的东西，做到见贤思齐。通过心理学家的研究发现，嫉妒心理会导致两种结果，一种是破坏性影响，另一种则能够激发起人们奋斗的热情，所谓的“知耻而后勇”就是这个意思。

我们要知道，除了“你行，我不让你行”之外，“你行，我比你更行”也是一种嫉妒；除了愤怒，发奋进取也是一种嫉妒。我们在看到别人的成功之后要这样暗示自己，“他的成功是我的榜样，我也要向他学习，争取比他更大的成功”。

此外，我们要接受别人在某方面或某几方面比自己强的事实，因为你在某个领域的成就对别人而言也是无奈的。我们要知道天生我才必有用，即使是毫不起眼的小角色也会有自己的一技之长，所以不必处处争第一，否则只会让自己掉进痛苦的深渊：不仅在不擅长的领域超越不了别人，而且在擅长的领域也会失去自己的优势。

我们生活的世界是一个矛盾的结合体，人与人之间也充满了竞争与合作，在一个集体中，更应该受到重视的是合作的关系，竞争远没有那么惨烈，别人的成功对自己的威胁也没有那么严重。一旦将自己置身于所有人的对立面，用自己弱势跟别人的优势竞争，那么肯定是惨败收场。实际上，我们只要稍微调整一下方向，学会欣赏他人，肯定他人在某一领域的成就，就能在他人的成功中汲取经验和教训，指导自己的人生，铺就成功之路。

4

不要再迷迷糊糊地过日子

人生短暂，时间如白驹过隙一晃而过。在短暂的一生里，你想做什么，想成为怎样的人？你对自己的未来是否有清晰的规划？如果没有的话应该猛醒了，不要再迷迷糊糊地过日子了，看清自己的人生，努力去拼搏去奋斗。

常磊毕业四年换了五份工作，事业依然没有起色。辞掉第五份工作之后他没有马上投入到另一份工作中去，而是选择去乡下放松一下自己，也思考自己接下来怎么办。

一天清晨，常磊在田间漫步，看见一位老农在插秧，秧苗插得非常整齐。常磊觉得老农很不简单，便上前问道："老大爷，您怎么插得这么齐呢？"老农笑呵呵得递给常磊一把秧苗说："你也来试试看。"常磊接过秧苗，脱鞋挽腿下田插秧。过了一会，他发现自己插得乱七八糟，便问老农："为什么我插得不直呢？"

老农笑笑说："年轻人，你应该盯着前面的一个目标来插秧啊。"对呀，我怎么没有想到呢？常磊开始在前方寻找目标，看到了一头水牛，心想，水牛的目标这么大，盯着它准没错。他又插了一会儿，发现自己虽然插得有进步，但还是不直，便再问老农："为什么我盯着水牛插，还是插不直呢？"

老农说："水牛总是不停地动，你盯着它肯定是插不直的，你应该盯着一个确定的目标。"常磊恍然大悟，盯着前面的一棵树去插，果然秧苗插得又直又好。

帮助老农插完秧苗之后常磊突然顿悟了：插秧苗要盯着目标，工作又何尝不是呢？他马上回到了城里，找好自己的职业目标，开始了新的生活。

目标是推动人们前进的力量，它能激发起人们创造性火花，使人有可能取得成就。道格拉斯·勒顿说："你决定人生追求什么之后，你就做出了人生最重大的选择。要能如愿，首先要弄清楚你的愿望是什么。"因此不要再每天浑浑噩噩地生活了，静下心来思考自己想过怎样的生活以及需要做什么来实现。

哈佛大学曾经有一项非常著名的跟踪调查，目的是测试目标对人生的影响，调查对象是一群智力、学历、环境等条件都差不多的年轻人，整个调查整整持续了25年之久。调查结果发现奋斗目标是否清晰明确对他们的人生有着重大的影响。

调查对象中有3%的人有清晰且长期的目标，经过25年的奋斗，他们不畏艰难险阻，坚持不懈地朝着这个目标努力，几乎都成为了社会各界的顶尖成功人士，得到了众人敬仰；10%的人有清晰的短期目标，他们在25年中不断完成预期的短期目标，也都在各自领域取得了一定的成绩，成为行业内不可或缺的人才；6%的人目标模糊，他们也过上了安稳的生活，但是没有什么特别的成就；27%的人几乎没有任何目标，他们毫无例外都生活在社会的最底层，生活很不如意，有些甚至靠社会救济度日，并且常常抱怨他人。

事实再一次证明，目标是支撑我们坚持下去的源自内心的最强烈的力量，有了这股力量，我们才会全力以赴去做，才能赢得机会的垂青，才能创造出精彩的人生。之所以强调目标的重要性，是因为惰性和盲目是人性必不可少的组成部分。如果缺乏明确的目标，那么一个人就没有了灵魂，做事也容易随波逐流；此外，一个人的时间和精力是有限的，若缺乏明确的目标，要么东一榔头西一棒子没有定数，要么三天打鱼两天晒网不精益求精，要么捡了芝麻丢了西瓜分不清主次，最终结果都将是一事无成。

所谓的目标通常有两种解释：一是希望经过自己的努力之后要实现的理想和美好愿望；另一种是借鉴别人已经成功的经历，经过自己的努力奋斗而达到他人的高度。不论是自己追求的目标也好，还是借鉴别人的成功也好，有了目标，就有了前进的动力，有了目标，就为事业的成功奠定了坚实的基础。

不要再迷迷糊糊地过日子，目标是行动的开始，不论是个人还是团体，如果没有目标，就像轮船航行在大海中没有航标一样，即使走得再远也难以达到彼岸，甚至还可能使轮船触礁，自毁前程。有没有明确的目标，关系到事业的发展，关系到人生的成败，并且贯穿于人生的全过程。甚至可以这样说，目标不仅仅是一种目的，更是一种方向，没有目标就没有前进的方向。

目标可以减少人们在前进中的痛苦和愤怒，有目标的人和没有目标的人无论是工作还是生活质量都有很大的差距，其精神生活也不同。有目标的人，每天都有前进的动力，不管是精神还是生活上都会有一种享受；而没有目标的人不知道每天所做的到底是为了什么，一旦遇到不顺心的事就会容易生气。因此，目标既是一个人的灵魂，也是一个人生存下去的精神动力。

目标能给人们带来无限希望。在我们周围有各种各样的目标：按照时间划分，你可以有长期目标、短期目标、阶段性目标、临时性目标；按照内容划分，可以有工作和事业上的目标，也可以有生活和健康方面的目标，还可以有政治和经济上的目标。但是不论是什么样的目标，有一点是共通的，那就是你的目标务必有积极、正确的价值。积极、正确的目标能将你带进美好的天堂，而消极、错误的目标会引领你打开地狱之门。

积极、正确的目标不仅能促进人成长进步，还能完善自我；不仅有益于自己，也有益于他人和社会。从现在开始，抛弃迷迷糊糊的生活，确定自己的人生目标并为之奋斗，你会发现每天的自己都是崭新的，每天的生活都是充实的！同时你才能时刻保持一份好心情，一个好状态！

5

把别人的冷漠当成前进的动力

在我们的生活和工作中常常会遭遇到一些人的冷漠对待，其中以职场为甚。不论是初出茅庐的职场新人还是新加盟的企业管理者，都可能会遭遇到同事的冷脸和老板的下马威。作为新员工，你可能会遭遇到以下种种情况：没有人向你介绍企业的工作环境，没有人介绍同事间的工作关系，没有人进行工作交接，甚至有时候连个友善的微笑都没有。

当新人进入一家新企业，最担心的就是无事可做，因为如果你不尽快打开局面，就很难为企业做出贡献，也就无法证明自己的能力和存在的价值，而这偏偏又是职业发展的大忌。无论是职场还是现实生活中，面对冷漠，你千万别发脾气，要把它当作前进的动力，用行动来证实自己是不可或缺的一部分。

俗话说：伸手不打笑脸人，要想缓解局面，你就必须做到不论对方怎样冷言冷语都不要气馁，主动融入他们，如果任由冷漠持续发展，那么在这个社会中，你将没有立足之地。

阿哲在渠道部工作，由于刚进公司的时候级别就比同部门的同事高一级，薪金自然也高一大块，从他上班的第一天起就遭到了部门同事的冷落。大家都抱着围观的态度想看看他到底有什么高人一筹的本领，打招呼态度都很冷漠。人事部带他熟悉环境之后，部门经理让老同事分别跟他交流一下，竟然没有一个人响应，场面非常尴尬。

阿哲并没有退缩，他看到大家都在低头忙着工作，就主动放低姿态热情地与每个人打招呼，并且询问大家有没有一些项目的辅助工作需要帮忙，比如数据统计、整理资料或者帮助项目负责人打电话给合作方做跟踪回访等等。大家故意无视阿哲的原因在很大程度上是为了防止他一开始就要项目核心资料，可是现在看到他竟然如此放低姿态来为大家排忧解难，也就不好意思再拉着脸不理睬了。在阿哲热情的询问下，大家也开始把一些手头上忙不过来的事情交给他做。

阿哲工作得非常开心，从来不抱怨自己现在做的事多么琐碎。因为他知道无论自己的级别比别人高多少、工作经历多么丰富，一旦进入一家新公司，就必须从头开始积累信用和声誉。因为每家公司的企业文化和运作模式都不尽相同，而同事分给他的琐事恰恰能帮助他尽快熟悉公司的运作流程和收放尺度，并能及时做出适当调整。这样一来，以后再接受大项目才能避免出现大的失误，可以更加顺利地完成任务。

由于阿哲的加入，为了避免职责分工不明确造成工作效率低下，部门经理决定让他与其他三个同事进行协商，将中国的渠道业务划分为四个大区，让他们各自负责自己管辖区域的所有业务。阿哲当即就表明态度，说自己是新人，请老同事先挑，自己认领剩下的区域。

最后业绩相对较差的西南大区落到了他的手上，一般人可能会觉得委屈到处诉苦或者消极怠工，但是阿哲没有，他欣然接受了这个决定。

在阿哲看来，业绩比较差的区域老板的期望值自然也会比较低，所以任务也会定得相对较低。在这种情况下，只要努力开拓市场，因为基数较低，业绩的增长率就会很高。而根据跨国公司的业绩考核制度，看的不是绝对增长数字，而是增长率。如果阿哲当时跟老同事争那些业绩好的区域，即使完成了任务，也会被人说是前人栽树后人乘凉。

接手西南区域之后，阿哲马上开始了工作，半年之后负责其他区域的同事就开始羡慕他了，他的西南区域业绩增长率远远高于其他三个区域。阿哲经常在公司的业务大会上受到表扬，而其他同事对他的业绩也无可指摘。就这样，阿哲很快在新的公司赢得了声誉，巩固了自己在新公司的地位。

所以，当我们进入一个新环境之后，遇到周围人的下马威并不可怕，可怕的是你不能勇敢地面对它；同事的冷漠也并不可怕，可怕的是你不知道怎么去化解它。

每个人在社会中生活，每天都会直面大大小小的事，积极乐观的人能从每一件事中得到进取的力量，而消极悲观的人就算是好事也会杞人忧天。比如遭到了别人的冷漠对待，悲观者会生气，抱怨对方，同时开始怀疑自己哪些方面做得不好，越来越失落，最终失去了力量，迷失自己，在别人的冷暴力中萎靡下去。而乐观者面对别人的冷漠当然也会感到不舒服，但是不会因此迷失自我，他们会将别人的冷漠看做是上天赐予的礼物，从中找出差距，打造出更优秀的自己。

新东方创始人俞洪敏自小家境贫寒，高考三次才进入了北京大学。他在北大读书的时候，成绩一直不好，又是农村出身，长相也不英俊，那时候的他是没有人注意的。俞洪敏在2010年中国传媒大学南广学院的演讲中说过这样一段话："我年轻的时候，作为一个农村的孩子，很土的那个样子，大家都应该能够想象得到。尤其我们班的女同学，基本没有正眼瞧我的。我进北大的时候，我们年级有25个男生、25个女生，我听完这个数字，还挺开心。为什么呢？24对配完了，剩下那个是我的，总而言之有我一份啊。但是没想到，女同学追男朋友的时候，都去追那些外表英俊潇洒、风流倜傥的人物去了，有时候一个人被好几个人追。"虽然当时俞洪敏是用调侃的语气讲述了自己的大学生涯，但是当初的窘境也可见一斑，但是俞洪敏并没有怀疑自己，而是创建了当时最大的英语培训机构——新东方，成就了中国英语培训的神话。

要想成就一番事业，就必须学会正确对待别人的冷漠，抛弃冷漠带给你的愤怒和抱怨，令它成为前进道路上的动力，要牢牢记住，当你达到了一定的高度之后，那些曾经的冷漠就会自动瓦解，取而代之的是对你的钦佩。

6

在逆境中学会微笑

人的一生之中难免会遇到种种困难与逆境，如何面对这些逆境，每个人的态度都不相同。而微笑是世界上最美好的语言，如果一个人能在逆境中学会微笑，那么他永远不会被困难打倒，这样的人远远比一个面临艰难困苦就退缩的人要伟大得多。一个人能够在遭遇一切事情都不尽如人意的情况下微笑，那么他就是成功的候选人，逆境中的微笑是最伟大的力量。

十多年前，在山西太原有一个叫陈思的小女孩，她非常喜欢跑步，虽然只有 12 岁，但是已经为学校争回无数田径比赛的荣誉，她的梦想就是做一个优秀的长跑运动员，为国争光。但是命运并没有眷顾这个孩子，在一次放学途中，一场车祸夺去了她的双腿，也夺去了她的梦想。

原来开朗的小陈思一下变得沉默寡言了，在长期的孤独和自卑中她读完了高中，但是在求职途中却屡屡碰壁，心灰意冷的她甚至想终结自己的生命。后来在一次机缘巧合下，陈思看到了很多残疾朋友，虽然他们都坐在轮椅上，但是每个人的生活都很快乐、充实。他们有的拉得一手好琴，有的写得一手好字，在与这些人交往过程中，陈思露出了久违的笑容，并决心找到一件适合自己的事情去做。

后来，陈思通过网络接触到了轮椅舞，这项舞蹈虽然在欧洲、美洲以及亚洲的韩国和日本风行，但在中国却是个新鲜事物。陈思决定学习轮椅舞，她想自己既然不能奔跑，那么就在轮椅上舞蹈吧。此后，陈思开始跟着视频学习轮椅舞，虽然没有老师和舞伴，但是许多可以独立完成的动作她还是学得有模有样。她也经常参加一些残疾人活动，生活也慢慢丰富起来。

2008 年对于陈思来说有着非比寻常的意义，那年中国残疾人奥林匹克运动管理中心要来山西省招轮椅舞运动员，陈思被选中参加全国轮椅舞集训选拔。陈思用优异的舞技取得了参赛资格。

训练很快开始了，陈思和舞伴孙昊每天都要坚持练十多个小时，因为陈思经常要在瞬间抓住高速运转的轮子，所以双手被划得伤痕累累。有一次，孙昊拉着陈思做旋转动作，由于没有把握好力度，竟然将陈思连人带轮椅一起甩了出去。但是陈思却忍着疼痛面带微笑地安慰他说："没关系，这点疼不算什么！"即使满身是伤，陈思也没有想过放弃，也正是因为如此，陈思的舞技得到了飞速提高。

2009 年，北京举办了国际轮椅舞蹈公开赛，陈思和孙昊以娴熟的舞技和默契的配合夺得了第三名，填补了我国在轮椅舞蹈领域的空白。后来，在日本举办的国际轮椅舞蹈大赛中，陈思和孙昊力挫强敌，取得了第一名的好成绩。载誉归来的陈思并没有停止前进的脚步，她希望自己能做一名轮椅舞蹈教练，让更多的残疾朋友在轮椅上舞出精彩人生！

陈思在逆境中彷徨过、也失望过，但是最终她能够正视自己的处境，笑看挫折，为自己的人生寻找另外的出路，这就是她的智慧所在。每一个在逆境中微笑的脸庞都是最迷人的，每一个在困难中依然执着的人都是最可敬的，每一个在挫折中奔波的背影都是最伟岸的。铁经历了千锤百炼之后才能变成坚硬的钢材，凤凰只有浴火之后才能重生，人同样在经历了磨炼之后才能更加坚强。

我们要相信，坎坷是上帝赐予的一笔巨大的精神财富。巴尔扎克说："挫折和不幸，是信徒的洗礼之水；能人的无价之宝；弱者的无底深渊。"我国也有"天降大任于斯人也，必先苦其心志，劳其筋骨，饿其体肤，空乏其身，行拂乱其所为，所以动心忍性，增益其所不能"的古训。面对逆境，我们也应该怀着一份感恩之情，要相信，不论你此时遭遇到了什么，只要还有微笑，就一定能走出这份桎梏。

一位神经学家曾经发现了一种治疗抑郁症的新方法。他劝告自己的病人在任何环境下都要保持微笑，要强迫自己微笑，不论心中是否喜欢。他这样告诫病人："尽量笑吧，连续的笑吧，最好不要停止你们的笑。如果实在做不到，那么请你们至少试着把嘴角向上卷起。"他用这种奇怪的方法治愈病人。

这位神经学家为什么要这么做呢？因为每个人总要在社会中生活，当你处于逆境，感到难过、失望的时候，你也应该努力适应环境。不论遭遇如何，不要反复想到自己的不幸，要想那些生活中最快乐的事情。在任何情况下，都要用宽厚的心情来对待别人，要说那些最和蔼的话，尽最大的努力制造快乐。这样你很快就会发现心中的乌云会很快消散，快乐的阳光亮了你的全部生活。

保持微笑是人生的一种境界，不管处境如何，是阴雨密布还是阳光灿烂，让我们的脸上随时都挂着笑容。在日常的生活、工作和学习中保持愉快、乐观地心情，这样才能从中寻找生命的意义，才能对未来充满希望。

所以，无论成败都要学会微笑着面对，虽然每个人都渴望成功、憎恶失败，但是人生就是一个成功和失败交错出现的过程，没有人永远失败，也没有人永远成功。所以不要把成败看得太重，不能沉溺在成功的骄傲之中，也不能沦陷在失败的沼泽之中，做到微笑着迎接成功，微笑着面对失败。

一旦学会了微笑面对逆境，你就会发现生活会变得如此轻松，所有的苦难在微笑面前都是一次受益匪浅的历练。

7
成功不像你想象的那么难

虽然每个人心中的成功都会有不同的定义，但毋庸置疑的是每个人都渴望成功。绝大部分人都认为成功很难，遥不可及，但是实际上成功并没有你想象的那么难，成功的主动权从来都是掌握在自己的手中。

我们看到了太多这样的故事：人们习惯于临渊羡鱼，倾慕别人的成功，而自己却只是站在成功的山脚下观望，从不静下心来研究和学习成功人士的经验，更谈不上付诸实际去追求成功。

其实，成功并没有你想象中的那么难，只要你能认定自己的目标，心无旁骛地向着目标努力，假以时日，你就会发现原来自己已经拥有了成功。

张扬大学的专业就是广告，他一直也想做个出色的广告人。毕业之后，张扬如愿进入了一家广告公司。张扬是一个勤奋的人，初入广告公司后日子过得紧张而充实。慢慢地，张扬适应了公司的节奏，策划也做得得心应手，也有了一些空闲时间。张扬在空闲时间又捡起了没有完成的长篇小说，因为成为一个作家也是他的一个梦想，他是这样想的，反正闲着也是闲着，做点事也是好的。

一天下午，张扬正埋头专心写小说了，总监突然过来了，因为来不及保存、退出，他被总监抓个正着。张扬惊慌失措得低下了头，似乎在等待着一场暴风骤雨。但出人意料的是总监并没有生气，而是看了看小说，温和地说："年轻人，写得很不错嘛！跟我谈谈，你对人生都有什么规划？"

总监的态度大大鼓励了张扬，他开始侃侃而谈。总监认真听完他的规划后微笑着说："我给你讲个故事吧！从前，在一个茂密的森林里，三条猎狗正在追赶一只土拨鼠。土拨鼠在逃跑的过程中突然发现了一个树洞，便钻进去了。由于树洞只有一个出口，所以三只猎狗决定在树下等。过了一会儿，一只兔子从树洞里钻出来，它没命地跑，飞快地爬上另一棵大树。兔子在树上慌乱中没站稳，掉了下来，刚好砸中了正抬头看着它的三条猎狗……不过最终兔子还是逃掉了。故事讲完了，你发现什么问题了吗？"

张扬思考片刻之后说："这个故事有两个问题：第一是兔子不会爬树，第二是一只兔子不可能能同时砸中三只猎狗。"

总监说："你说得这些都没有问题，但是你遗漏了一个最重要的问题——土拨鼠去哪儿了呢？"

听了这话，张扬一拍脑门："哎呀，对啊！我怎么把这个忘了呢？"总监笑着说："呵呵，这只被你遗忘的土拨鼠就是你最初为自己设定的人生目标啊。你刚进公司的时候曾经满怀豪情地说我要做一个出色的广告人！"

张扬这时才恍然大悟，原来自己最初的目标是做一个出色的广告人，现在竟然忘得一干二净。总监拍拍张扬的肩头，语重心长地说："年轻人，做广告策划你绝对是个难得的人才。但是人生短短数十载，倘若想面面俱到是不现实的。如果能够静下心来做策划，你将会前途无量。至于写作，业余时间就可以了。人生的目标不能制定得太多，一个人一辈子如果能把一件事做得极其出色就是最大的成功。"

三年之后，张扬成了广告总监，在广告界小有名气。其实，成功不像你想象的那么难，人总是为了某个目标而生活，这个目标就是我们所谓的成功。一旦有了目标，人生也就有了意义。倘若没有目标，就像射箭时没有箭靶，根本无法射中。成功者之所以能取得成功，其根本原因就是他知道自己要成为怎样的人。一个人有了定位之后就会按照自己的信念和目标来指导自己的一言一行，即使遇到挫折和失败也不会自怨自艾，而是迎难而上，越挫越勇。

当然，如何定位目标也是成功的一个重要步骤，目标定位准确就容易成功，反之则很难成功。我们听说过也看到过很多，一个人在某项职业上平庸无奇，而在另一项事业中却大放异彩。所以，在选择目标的时候要允许自己有多次尝试的机会，看看自己到底适合什么。

我们在定位目标的时候要遵循两个原则，一个是要从实际出发，另一个是尽可能地让它远大一点。通常来说，一个人的目标越远大，想要取得成功的欲望就越强烈，战胜压力的力量也就越强，也才能得到长足发展。高尔基就曾经说过："一个人追求的目标越高，他的才力就发展得越快，对社会就越有益。"

绝大部分人都有这样的想法：远大的目标很难实现。其实能否实现不在于其大小，而是要有一个明确的目标并为之努力。有了真正想去完成的目标之后，人们才能不断地向自己灌输这一观念，使其更清晰、更深刻，有了这种心理，再加上全力以赴付诸行动，成功就不再是一件难事。

很多人失败的原因只有一个——虎头蛇尾。很多时候，并不是事情本身有多难，而是自己觉得成功太遥远，而选择半途放弃。如果觉得目标过于遥远，那么也有一个很好的办法可以解决这一问题：你可以把大目标分成几个可以实现的小目标，然后为每个小目标规定切实可行的期限，这样一来你从一开始就能看到成功的希望，也会更有动力。

成功并不是一个不可触及的梦，从现在开始，明确自己的目标，每一天向目标迈进一小步，终有一天会取得成功。

第十一章
DI SHI YI ZHANG

生活本来就不公平，不完美才是人生

比尔·盖茨说：“社会是不公平的，我们要试着接受它。”承认生活的不公平、接受人生的不完美并不意味着自暴自弃，而是激励人们竭尽所能，迎接生活和命运的挑战，做最出色的自己。

↙1
不要做苦恼的完美主义者

现实生活中很多人把追求完美作为一个良好的品质，但实际上事事追求完美会令自己非常疲惫。因为完美主义是虚幻的代名词，世界上根本没有真正的完美，即使你做得再好，也永远达不到完美。

完美主义者的最大道德特点就是追求完美，他们不满足于现状，将精力投入到与之息息相关的生活和工作中去，努力使其完美。由于完美主义者不能忍受身边的不完美，所以他们看到不完美的东西之后就会草草制订计划并马上执行。但是过不了多久，就会因为手中有太多的计划要实行而令自己苦恼不已，最终不得不放弃。久而久之，完美主义者就会终日生活在挫败和庸庸碌碌中无法自拔。

松子非常喜欢自助旅游，一次他在旅游途中遇到了一个很奇怪的老人。这个老人一看就知道是从远方来的旅人，他背着一个破败不堪的包袱，脸上布满了风霜，鞋子因为长期行走也破了几个洞。虽然老人显得很狼狈，却有一双炯炯有神的眼睛，不论是在行走还是在休息，他的目光始终关注着来来往往的人，似乎在寻找着什么。

老人的外貌和双眼组成了一幅极不协调的画面，吸引众人的目光，人们窃窃私语，认为他不是一个普通的游客，一定是在寻找什么。那他到底想找什么呢？

松子在好奇心的驱使下忍不住问道："你是在找什么人吗？"

老人回答道："我在像你差不多大的时候，发誓要找到一个完美的女人并且与她结婚。所以我从家乡开始寻找，从一个村庄到另一个村庄，一个城市到另一个城市。不过遗憾的是，我到现在都没有找到一个完美的女人。”

松子继续问：“那你找了多长时间呢？”

“有六十多年了。”老人叹了口气回答道。

“天哪！难道六十多年来您都没有找到过一个完美的女人吗？这个世界上是不是根本就没有完美的女人？如果是的话，那您找到死也不会找到的啊！”周围的人发出惊呼。

“有的！这个世界上是有完美的女人的，我在三十年前曾经遇到过。”老人斩钉截铁地说。

“那您为什么没有和她结婚呢？”人们继续问。

“三十年前的那个清晨，我真的遇到了一个完美的女人。她身上散发着迷人的光彩，就像是坠落凡间的天使。她温柔而善解人意，她细腻而体贴，她善良而纯净，她天真而庄严，她……”老人完全陷入了美好的回忆之中。

“那么，您为什么没有娶她为妻呢？”松子更着急了。

“我立刻就向她求婚了，可是她不肯嫁给我。”老人谈了一口气。

“为什么？”松子更好奇了。

“因为……因为她也在寻找这个世界上最完美的男人！”老人无奈地说。

……

生活中有很多人像这位老人一样，终其一生都在寻找一位完美的伴侣，寻求一份完美的工作，追求一种完美的生活，然后日子就在不断地寻找中悄悄溜走了，然后在痛苦中度日，与其追求不能实现的美丽，不如把握当下的幸福。

追求完美既是一种正常的渴望，也是一种悲哀，因为现实生活根本没有完美的东西，如果一味地追求完美，那么最终会作茧自缚。人生旅途中，永远不要背负着“完美”的包袱上路，否则你将永远陷入无法自拔的矛盾之中，最后也只能在苦恼中老去。

完美主义者经常会对做事不细致的人感到厌恶、无法忍受，并暗自批评这些人对生活不负责任；他们经常想，如果某件事那么做的话结果可能会更好；他们经常对自己和他人感到不满，挑剔自己和他人做的所有事；他们做事必须亲力亲为，认为别人不能把事情做好。在这种心态的趋势下，完美主义者希望能早日完成计划，但是往往很难做到，因此他们更容易发怒和激动。

完美主义者要改变自己首先要改变思维方式，要知道完美只是一种理想的境界，是一个目标，而生活是体现这个目标的过程，我们所做的任何事情都是追求完美的一部分而不是全部。曾经有个渔民打捞到了一颗硕大的珍珠，但是他发现珍珠有一个斑点，为了让珍珠看起来更完美，他不停地打磨，结果越打磨越深，珍珠也越来越小，终于变成了珍珠粉。世间的一切都不可能尽善尽美，只要努力了，就无愧于心。

其次，完美主义者在改变的时候要分清出重点和非重点，要先处理好主要问题，细枝末节的事情要放在次要位置。追求完美的人做事情容易犹豫不决，往往会把时间和精力浪费在如何做到完美，而不是把时间放在解决主要问题上，因此效率可能会不高。

最后，完美主义者要确定一个合格的标准。如果说满分是100分的话，60分是及格，70、80分比较好，90分以上就很优秀了。如果是自己做一件事，你可以要求必须做到优秀，但是如果是与别人共同完成，那么你就要配合合作伙伴的标准，因为任何人都没有权力要求别人和你一样。

平静的湖水，投入一颗石子，才会有生动的涟漪；蔚蓝的天空，掠过一群飞鸟，才会有深邃的意境；平淡的人生，需要一点波折，才会产生活力。人生不必太完美，有个缺口其实更有一番韵味。

⟀2 坦然接受生活的不公平

现在社会上出现了一种常见现象：很多人都在抱怨社会的不公平，尤其以年轻人为主。他们的抱怨通常都是这样的：我身边没有资源，我同学的父亲要么是什么部长，要么是什么市委书记，而我的父亲就是一个普通的工人。他们穿品牌的服装，我没有；他们用苹果电脑，我没有。其实这些都不是抱怨能解决的，因为这个世界本来就是不公平的。有的人可能会说原始社会是公平的，所有的生命都平等地享用资源。其实即使是原始社会也不是公平的，剩余的物品一定是归那些强壮的猿人所有。

生活是不公平的，这一真相的确让人不愉快，但这是事实，我们不得不接受。有很多人生活得并不快乐，原因就在于他们误以为生活应该是公平的，为自己或者他人遭遇到的不公平感到不满，甚至愤怒。

承认生活并不公平最大的好处是能激励我们尽自己所能争取权利，而不是自怨自艾。“生活的使命”并不是让每一件事情都能完美，而是要我们努力做到最好。承认这件事能让我们不再为自己和他人遗憾，因为每个人在成长过程中都要面对现实，接受生活带来的不公平对待。

每个人的出生背景不同、家庭环境不同、接受的教育程度不同等等，这些都会带来人生体验和生活经历方面的差异。当人们没有意识到生活并不公平的时候，往往会怜悯自己和他人，但这种怜悯没有任何用处，它并不能帮助我们摆脱苦难的生活，只能令人感觉更糟。一旦意识到了生活的不公平，你就会想尽办法去缩短这种差距，开始采取一些具有积极意义的行动，让自己的生活变得更好。

2006 年，一位名不见经传的女人张茵登上了当年的胡润百富榜，几乎在一夜之间爆红大江南北，大家对这个稍显神秘的女人有着浓厚的兴趣。与那些依靠高科技上榜的富豪不同，张茵所从事的是环保行业的废纸收回。

张茵并没有得天独厚的先天条件，她出身于一个贫寒的家庭，大学毕业之后在工厂做会计，后来进入一家贸易公司做包装纸业务。

毕业三年之后，张茵来到香港，在一家中外合资贸易公司做会计。没想到的仅仅一年之后，这家公司就倒闭了。此时摆在张茵面前的有两条路：回广东或者留下来创业。好强的张茵决定留在香港创业。

由于资金和资源匮乏，张茵创业之初只能从低端做起，她选择了废品回收。为了把生意做大，张茵从一开始就改变了香港过去在纸浆里掺水的做法，很快就树立起了良好的口碑。但是这也触犯了同行的利益，被他们认为是违反了“行规”，甚至因此接到恐吓电话。身处异乡的张茵第一次感到了生活的不公平。

虽然遭遇到了种种不公，但是张茵并没有退缩，经过几年的发展，她摆脱了早期创业的艰难局面，也逐渐积累起了一定的资金和资源，那些困境和不公也被远远甩在了身后。随着公司的不断发展，香港的废纸回收已经不能满足业务需求，张茵把目光投向了大洋彼岸的美国。

1996 年，我国高档包装纸市场出现了供不应求的局面，尤其是高级卡纸几乎全部要从国外进口，张茵及时抓住了这一历史性的机遇，公司也发展成为世界上屈指可数的包装纸生产企业之一。随着事业越做越大，张茵的生活和工作中已经看不到不公平待遇了。由此，可以看出，不公平确实存在，而公平是要靠自己努力争取的。我们要像张茵一样，承认生活并不公平这一事实，这并不意味着我们不必去改变这一现象，而是更应该努力做好分内之事，争取更大的成功。只有放弃抱怨，用平常心和进取心对待生活，不公平才会慢慢消失。

现实生活中，有的人利用自己与生俱来就占有的社会资源，一出生就能过上令人羡慕的生活，但是没有任何资源的人也不要萎靡不振，要把自己的劣势变成奋斗努力的动力，发挥自己的优势，寻找合适的机会，靠自己的双手创造的美好生活才不会消失。如果你拥有了让生活变得公平的资本，那么你的生活就会有所改变，而要想获得这一资本就要付出异于常人的辛劳和汗水，做到“人无我有，人有我优”，掌握生活的主动权，也就把握住了生活公平的一面。

朝阳是公司销售部的主力，销售部经理升职之后所有人都认为朝阳会走马上任，但没有想到的是，老板任命了自己刚刚走出校门的侄子做销售经理。所有的同事都为朝阳愤愤不平，朝阳却平静地接受了，没有表现出任何不快，依然像平时一样努力工作。新的销售经理没有任何经验，制定的销售计划也不近人意，经过一段时间之后公司的销售业绩大幅下滑，老板也把自己的侄子调离销售部，又提升朝阳为新的销售经理。朝阳很平静地接受了这一任命，在他的带领下，公司业绩很快恢复到之前的水平，并有了长足进步。

生活中有很多意外是无法选择和逃避的，我们永远不知道下一秒会发生什么，所能做的只有接受已经存在的事实并进行自我调整。抗拒生活的给予可能会毁了自己的生活，因此无法改变不公和不幸的厄运时，要学会接受它、适应它，把不公平的现状甩在身后，创造不一样的生活，从而获得成功。

3

别太在意别人的眼光，那会抹杀你的光彩

人生在世，我们追求的是什么呢？简单点说就是追求快乐、逃避痛苦，其中一个具体的表现就是人们渴望得到尊重与赞美，反感被别人批评与恶意中伤。西楚霸王项羽曾说：“富贵不还乡，犹锦衣夜行”，意思就是说功成名就之后如果不回家乡去展示一番，就像穿着华美的衣服在黑夜中

行走一样。这句话也揭示了这样一个道理：在很大程度上，人活着就是要为一个体面的身份而奋斗，努力做到不被别人看不起。

其实，一个人想要主宰自己的命运，就要牢牢地把握自己的信念，通俗地说就是在自己的想法与他人不同时，必须有一个坚定的判断，如果自己是对的，就要坚持下去，否则就容易丧失自我。

刚毕业的小白运气不错，找到了一份在外企人力资源做助理的工作。上班第二天就遇到了一个尴尬的问题：那天一早急匆匆冲进电梯的小白发现，里面站着的竟然是昨天刚刚见过的公司副总，也是人力资源部的主管。

小白开始犹豫要不要跟副总打招呼，但是他害怕别人认为自己巴结领导，又担心副总可能没有记住他，并且还要当着电梯里所有的人做自我介绍，最终他决定就当做没看见。没想到后来给副总秘书送报告的时候，刚巧副总从办公室出来，对自己的问好只是轻轻地点了下头。小白又开始后悔自己在电梯里的行为，认为副总一定在电梯里看见他了。

过了一段时间，经理带着小白一起陪副总和客户吃饭，因为上次的电梯事件，小白希望能借这个机会和副总搞好关系。但是在整个过程中，他几乎没说任何话，只是在内心进行了无数次挣扎，他被自己脑子里的种种想法弄乱了阵脚。

在去饭店的途中，上司和老板讨论起了公司的事情。小白想公司的事情，我一个新人就不要插嘴了，因此他一直保持着沉默。中间副总管咳嗽了一下，小白很像问问副总是不是生病了，但是这个念头刚刚冒出来，马上就想到了“谄媚”这个词，自己都害臊起来。倒是他的上司开口了：“最近身体不舒服吗?”副总叹口气说：“没事儿，老毛病了，一到秋天就犯。”于是两人的话题从工作又转向了生活。小白好几次想参与到话题中，但是转念一想，人家关系熟悉才谈这么亲近的话题，我有什么资格参加呢？还是不要搞得像我隔着上司巴结副总一样。所以，在整个途中小白都是沉默的。

下了车，小白发现副总手上提着一个大大的电脑包，胳膊上还挂着一件风衣，就想自己是不是应该帮他拿衣服和包。但是如果那样做了，自己不就成了跟班的？一个小丑的形象马上闪现在自己的脑海里。就在他犹豫的时候，副总已经走进了酒店，客户刚好也迎了出来。双方握手的时候，小白明显看到了副总的不方便，他觉得自己做得又不合适了，更加紧张起来。

双方入座之后，小白更不知所措了。因为觉得自己地位低下，所以敬酒这种场面上的事情也要保持沉默，而且这是他第一次参加这种场合，完全不知道如何与对方公司进行交流。总之，他表现得差极了。可想而知，小白给副总留下了没有工作能力的印象。

这个故事看起来是因为小白不会圆滑处世，实际上是太在意别人的眼光而没有发挥自己的优势。小白之所以犹豫不决，其实是别人的看法左右了他，在做每一个决定之前他都会想别人会怎么看，于是他最后做的并不是自己真正想做的。

人最大的弱点就是像小白一样，太在意别人的看法，顾虑重重，将原本简单的事情复杂化。要想展示自己很简单，只要做到从大局出发，对上不卑不亢，对下恩威并重就足够了。

在人生路上，我们仅仅是别人眼中一道可有可无的风景，对于一次出丑、一次失败，完全可以一笑了之，没有必要过多地纠结于失落的情绪中。俗语说："20 岁时，我们顾虑别人对我们的想法。40 岁时，我们不理会别人对我们的想法。60 岁时，我们发现别人根本就没有想到我们。"这并不是一种消极的人生态度，而是一种人生哲学，不要太在意别人会怎样看你，过好自己的生活才是最重要的。

当然要想做到一点都不在乎别人的看法是不可能的，但是不能太在意别人对我们的看法与评价，要多和人沟通，要正确看待别人对你的评价，不能看得太重也不可充耳不闻。如果有人出言不逊也大可不必太往心里去，因为你首先要对自己有正确的评价，不能被别人主宰，这就是说对于别人的话要加以选择地听，不能盲目地去听。

生活中如果太在乎别人的看法，就不能做真正的自己了，做任何事之前都想着别人怎么看，又怎么能表现出自己的光彩呢？而且大部分时候我们是不需要在乎别人是怎么看的，因为每个人都会有不同的看法，你不可能满足每一个人，即使你再怎么努力，也不可能做到完美，太在意别人的看法只会徒增烦恼。

每个人都走自己的路，不过要走正确的路。人不能太在意别人的看法，也不能一意孤行，要做真正的自己。不能自欺欺人，也不要被别人诱惑，不要让别人的思想左右了你的行动。

叔本华曾经说过："一切的真理都要经过三个阶段才会被世人接受：第一阶段，觉得可笑而不加理会；第二阶段，视为邪说而强烈抗拒；第三阶段，未加思索就欣然接受。"所以，一旦你不加思考就接受了别人的信念，就如同戴上了一道紧箍咒，不能充分发挥自己的才能。

4

自卑和自信往往就在一念之间

自卑和自信往往就在一念之间，除去内心深处自卑的束缚，自信就能油然而生。很多人不能顺利走出困境的原因就在于对自己信心不足，他们就像一棵没有依靠的小草一样，毫无信心地面对狂风骤雨，这种自卑心理是非常可怕的。所谓的自卑就是不相信自己，看不起自己。通常来说，有自卑心理的人不一定是本身有某些缺陷，而是对自己不满意，总是把自己放在低人一等的位置，慢慢地就形成了别人也看不起自己的局面，进而陷入了不能自拔的自卑之中，一生都笼罩在不如人的阴影当中。

孟明在大学时曾经被公认是全班最胆小怕事的人。大学毕业时大家挥手告别，并且约定十年之后要重新相聚。很多同学预言孟明不会有什么大作为，十年之后的他依然胆小怕事，过着普通的生活，庸庸碌碌。

十年很快就过去了，到了约定的日子，全班同学又聚在了一起。当年那些意气风发的同学被生活改变成了一言不发的旁观者，许多有才华的同学也在生活的压力下失去了当时的锐气，变得消极倦怠。孟明，这个被公认的失败者还是和当年一样简单，不出众也不惹眼。

聚会到了高潮，大家纷纷讲述自己的理想，以及对目前生活的满意程度。大多数人表示自己目前的生活状态与理想相去甚远，几乎没有人满意现在的生活。

孟明也向大家介绍了自己的生活："我现在拥有几家公司，总资产数亿元，远远超出了当年走出校门的理想。如果说我现在还有什么不满的话，那就是我现在取得的成绩离那些我欣赏的成功者还很遥远。我想说的是，当年不论是在学校还是初入社会，我都是一个自卑的人，我发现每个人都有特长，而我一直很平凡。但是我发现，不论我怎么努力也不可能赶上所有的人，所以我决定选择从某些方面提升自己的能力，告诉自己有很大的学习空间。我把自卑转化成自信，把所有伟大目标转化成向别人学习的一点点的进步。进步一点，就有一点战胜自卑的理由。这样一来，我获得了源源不断的前进动力，也取得了今天的成绩。"

是的，孟明的成功不仅仅在于有了良好的事业，更在于他驱散了心底的自卑，怀着自信面对生活。自卑的人往往会错失良机，当大好的机遇出现时，自卑者会畏首畏尾，不敢奋力拼搏，往往贻误良机。更重要的是长期自卑会造成人格和心理的卑怯，不敢面对挑战，甚至不能用火热的激情拥抱生活，久而久之，就会丧失应有的雄心壮志。

自卑情结不仅能够转化成巨大的消极因素，也能转化成强大的动力，关键在于你是否能将自卑转化为自信。我们如何克服自卑，建立真正的自信呢？首先我们不要害怕自卑，任何人都有自卑情结，即使是一代伟人，区别只是自卑情结的轻重，然后需要根据自身条件横扫身上的自卑。

心理学家莫顿曾提出"预言自动实现"的原则，认为人们具有一种自动实现预言的倾向。爱默生也认为，在我们的心灵的眼睛面前长期而稳定地放着一幅自我肖像，我们会与它越来越接近。因此，当我们自卑的时候要对自己进行积极的心理暗示，告诉自己是可以的。当然这也要求我们不能过分苛求自己，对自己的要求要与实际能力和水平相适应。当取得一定成绩的时候，也要对自己提出鼓励和表扬；当有失误时，学会安慰自己并分析原因，总结经验教训，而不是遭遇失败就止步不前。

“尺有所短，寸有所长。”每个人都有长处和优势，也都有短处和劣势，不要整天感叹自己的缺点而看不到优势，这样就连天才也会丧失信心，自暴自弃。我们要学会扬长避短，强化自己的长处，理智地对待自己的短处，寻找合适的补偿目标，从中吸取前进的动力，把自卑转化为一种奋发图强的动力。

有些人自卑是因为对自己要求过高，把已经取得的小成绩淹没在大目标无法实现的焦虑中，心理上就常常笼罩在悲观、失望的阴影中。要解除这种原因造成的自卑，可以制定一个个能在短期实现的小目标，引导自己向前看，从已经实现的小目标中得到鼓舞，增强自信。随着一个个已实现的小目标的积累，不仅会形成一个实现大目标的动力，还能有效克服自卑心理。

在生活中我们发现自卑者大多孤僻、不合群，当很多人一起交谈的时候，他们往往充当倾听者的角色。要想改变这一局面，一种方法是学习一些社交技能，建立起积极的人际关系；另一种方法是丰富知识、开阔眼界，让自己有话可说。

自卑是与生俱来的一种本能，而自信源于理性。如果一个人能转变观点，将自卑转化成自信，那么他就拥有了一种做人做事的健康心态，一种成熟理性的行为模式，成功便触手可及。

∠5 学会接受缺憾，让自己更坚强

人生的魅力在于不能重新来过，每个人都会留有遗憾。即使能够重来，你仍然会留下其他遗憾。人的一生可以说是一道又一道选择题，但是每个选项都不会是最完美的答案，都会存在固有的缺憾，然而正是因为有了这些缺憾的存在，才能让人变得更加坚强，才能理性面对人生的不公。

但是很多人不能接受自己存在的缺憾，努力做到完美。一张白纸，上面有一个小黑点，如果拿着它问人们看到了什么，多数人会说看到了一个小黑点，而注意不到那张白纸。这说明人们的关注点容易放在那些缺憾的事物上，如果一个人总是关注人生中的那些小黑点，就会产生自卑感，出现悲观消极的心态。人生难以完美，缺憾一定是少不了的，我们要学会接受。

江南出生在苏北农村，父亲是煤矿的下井工人，母亲是种地的农民，比起那些出身名门、从小就有良好的物质条件的孩子来说，可以算是一种缺憾。但是我们无法选择自己的家庭，必须坦然接受。这也让江南明白自己没有靠山，不能指望别人为自己遮风挡雨，一切都要靠自己，这让江南慢慢坚强起来了。

江南个子不高，相貌平平，比起那些身材高挑、长相漂亮的女孩们不得不说是一种遗憾，但是这是自己与生俱来的，也必须欣然接受。个子矮有个子矮的优势，相貌平平似乎也没什么坏处，至少不必像淑女那样拘谨，可以大步走路、大声说话、大口吃饭，潇洒自在。

江南没有上过大学，在这个重视文凭的年代也是一种缺憾，但是她明白时间不能倒转，自己不可能再回到二十岁，因此她勤奋好学，没有让自己落后于这个时代。

在重男轻女的农村，江南是个女孩儿，也是一种缺憾。也正是如此，她暗自努力，一定要超过村子里的那些男孩，为父母争口气。江南结婚之后非常想生男孩，但偏偏事与愿违，她也非常高兴，将全部的关爱给了女儿，让她成为自己最骄傲的杰作。

人生实在没有必要去刻意做什么，不必刻意追求完美，也不必刻意回避缺憾，一切顺其自然。既然缺憾是不可避免的，学会接受它就是人生的成熟。鱼与熊掌不可兼得，这就是人生的无奈。成熟的人能坦然接受一切不完美，用坚强的心弥补缺憾带来的伤害。

要知道精彩的人生也是从缺憾中走出来的，希腊神话中的维纳斯是唯一一个没有双臂的女神，却成为了最美的一个，正是因为她的缺憾成就了她的完美。人有悲欢离合，月有阴晴圆缺，缺憾未必不是一件好事。缺憾本身就是一种美，有些东西，拥有过就好，不必过于贪求，更不要妄想长久地占有。

我们回到开篇的比喻，人生就是一道道选择题，每道中都有多个选项，每个选项中也会有很多可能。但是每个人只能选择一个答案，不可能做到面面俱到。也正因为有这么多选项，每个人的人生才会不同。一个人要想在某一领域取得一定的成就，就必须放弃其他领域，要尝试着在追寻人生的过程中接受缺憾，人生就是如此，因为有了缺憾，那些快乐才更容易被人发觉，那些幸福才更让人珍惜，那些往事才更让人刻骨铭心。

于丹老师讲过这样一个故事：一座寺庙供着一座雕刻得非常精美的佛像，每天都受到众多香客的膜拜。而通往寺庙的台阶是由跟它采自同一座山体的花岗岩砌成的。有一天，台阶不服气地对佛像说："我们本是兄弟，为什么你接受众人的膜拜，而我却被他们踩在脚下？你有什么了不起的?"佛像淡淡地说："因为你只经历了四刀，而我却经过了千刀万剐才成了佛。"

在现实生活中，人们总是喜欢与别人比较。为什么我们同时参加工作，你却做到今天如此成就？为什么我们在一间办公室工作，你却得到了领导的器重？为什么你我同样工作，但是你的报酬比我多？……我们习惯于将自己的缺失与他人的所得进行比较，而忽视了他人比自己多付出的那些汗水和努力。这样，我们不会得到真正的快乐。

我们要坚强起来，要正确面对人生的遗憾，接受那些不如意的事情，并尽可能通过自己的努力去弥补这个缺憾。生活中会有很多不如意，甚至不合理，可能仅凭个人的力量无法改变，但是我们可以改变自己的心情和态度。当缺憾出现了，最好的办法就是让它赶快过去，腾出更多时间去做更有价值的事情，这样的人生才不会虚度。

金无足赤，人无完人。没有百分之百的纯金，也没有毫无瑕疵的玉石，但是我们不会认为它们不好，因为我们看中的是整体。在生活中我们也要意识到缺憾没有什么不好，学会欣赏缺憾美，学会接纳自我，面对现实，轻松愉快地生活。

6

与完美死磕的人，永远快乐不起来

人们之所以不快乐，是因为与预期不符，认为自己的人生不应如此，而是应该更完美。所以很多人会说："如果怎样怎样我就会快乐。"但是人生不会那么完美，愤怒、沮丧、失败都是其重要的组成部分，要求人生必须完美的人是永远都不会快乐的。

一位老人在去世前写下了自己的人生感悟：如果我能重新活着一生，我要尝试犯更多错误，我不会那么刻意追求完美，我想要多休息，随遇而安。我处事不会那么精明，其实世间值得斤斤计较的事少得可怜，我会更疯癫些，也不那么讲究卫生。你知道，我就是那种一天又一天，一个钟头一个钟头，过得小心谨慎、清醒合理的人，我也曾放纵过，如果一起能够重来，我要想有更多那样的时刻——每一刻、每一分、每一秒。如果一切能重来，我要在早春赤足走到户外，在深秋彻夜不眠，我要多坐几趟旋转木马，多看几次日出，跟更多的儿童玩耍，只要人生能够重来。但你知道，已经不可能了。

这段话非常好，它用一个人毕生的经历告诉人们，人生是有限的，应该充分利用，要活得更充实、更快乐。这个世界是美好的，我们不需要过多地改变，需要改变的是我们自己。

世界本来就不完美，人们不快乐的程度取决于现实与理想之间有多大的差距。如果不凡事都苛求完美，快乐就简单多了。我们只要选择自己喜欢做的事，即使不能尽如人意，还是可以得到快乐。

张阿姨刚刚退休在家闲着没事儿，有一天偶然看见电视上人在织毛衣，她一时心血来潮，就买来毛线打算自己织一件毛衣，也调剂一下枯燥的生活，找个乐子。可是没想到却成了负担。

那到底是怎么回事呢？由于很久没有织过了，张阿姨有些生疏，第一次，织了一段之后发现太肥了，于是就拆掉了；第二次织了一段觉得都没有花纹，太普通，又拆了；第三次织了带花纹的，觉得还可以，于是废寝忘食地织了下去，织到一半的时候，沾沾自喜地欣赏，发现中间有几个花纹织错了，怎么看怎么别扭。拆了吧觉得很可惜，不拆吧总是觉得不舒服。最后为了追求完美就全拆了重新开始。

本来织毛衣是为了调剂生活，找点乐子，又不等着穿，可是张阿姨为了织好这件毛衣取消了一切娱乐活动，而且容不下一点瑕疵，一遍遍地重来，只顾细节而忘记了主要目标，不但没有感到快乐，反而增加了负担。张阿姨也从中体会到了过于追求完美会夺走生活中的快乐。

其实追求完美是很多人存在的问题，他们为了完美的事业、完美的生活、完美的孩子贡献出自己全部的精力，这其实是人生的悲剧。我们要意识到，世上任何事情都没有十全十美的，人也没有完美无缺的，只要我们付努力，只要大的方面正确，就应该满足。有些事情要学会对自己和他人睁一只眼闭一只眼，这样才能收获快乐。

“完美”就像罂粟一样吸引着众人去追求、去寻找。但是追求完美会让你失去很多宝贵的东西，因为你一路上不停飞快地前进，不肯停下来欣赏路边的风景，不肯停下来看看身边的亲友，追求完美让你失去了太多的感动和快乐。

追求完美的人不满足于只看到事情的表象，只要可能，他们就会找到事情最根本的解决方法，“得过且过”不是完美主义者的作风，他们不但会苛求自己，还会严格要求周围的人，所以很难快乐。

如果想要自己快乐一点，我们不妨降低标准。首先要对自己进行心理暗示，降低对人对事的标准，特别是不要把自己的想法强加给别人。要学会肯定别人的工作，也要学会容许别人达不到自己的标准。如果想批评别人，首先要考虑他是否已经达到了大部分的要求，如果没有再提出批评也不迟。

其次，要学会提高自己的效率，对那些不重要的工作不必亲自动手，可以交给别人去做，这不但是减轻自己的压力，也是对他人的培养和支持。追求完美的人之所以会给身边的人带来压力，很大一部分原因就在于他们会有意无意地包揽本来一些本属于同伴的工作，会让他们感觉到自己不被信任。

再次，追求完美的人要学会如何看待自己的“不完美”。要意识到“不完美”并不等同于“失败”，更不是对一个人的否定。人在具备一些优点的同时一定会有某些缺点。

最后，要想改掉凡事都要追求完美的毛病，还要学会“分解”生活。一个人有长远的目标是很好的，但是如果只把眼光放在远方，而忽视了身边的小成功，那将是一件可悲的事。我们追求的“完美”，应该是一种阶段性的“完美”。我们要学会把自己愿意做的东西变成一个个的阶段性目标，然后逐一加以实现，这样才能体会到生活的乐趣。

人的一生中有太多的时间要去奋斗，但是“学海无涯”、“学无止境”，没有人能做到完美，与其跟完美死磕，不如停下脚步享受当下的快乐。

7

平凡却不平庸，生活照样精彩无限

几乎每个人小时候都有改变世界的梦想，但是绝大部分人是在喜怒哀乐中度过自己平凡的一生。其实，平凡是人生的常态，大千世界里的芸芸众生，为人类的发展做出杰出贡献、彪炳史册是少数人，大奸大恶、遗臭万年的也是少数人。大多数人在生活中扮演着平凡的角色，在平凡的岗位上做着平凡的工作，面临着升学、就业、恋爱、婚姻等等平凡的问题，感受着人间百态。但是，平凡并不等于平庸，我们可以平凡，但是一定要拒绝平庸。

那么何以区别平凡和平庸呢？平凡的人，可以没有过人的才华，可以默默无闻，但是不能没有生活的目标，不能没有理想和追求。你可以没有耀眼的成就，但是这不能成为碌碌无为的理由。平凡和平庸有共同点也有差异。共同点在于两者都是平平常常、普普通通，差异在于平凡指的是人们拥有一颗平常心，在普通的岗位上勤勤恳恳地生活和工作，而平庸指的是一个人消极颓废，没有追求，整日无所事事，生活没有个性。

大王是一个毫不起眼的理发师，他的理发店也在街角最不起眼的地方，跟那些装修豪华的美发店一比，大王的理发店显得非常寒酸。但是他的理发店生意极好，原因就在于这里有一位很好的理发师，他总能根据顾客自身的特点剪出最好的效果。如果能够拥有一个好发型、收获一份好心情，那么在路上多花一点时间又有什么关系呢？不仅如此，大王的顾客还会向自己的家人和朋友推荐这家理发店。长此以往，大王的理发店名声大噪，成为小城里口碑最好的理发店。

后来，大王收了一批小学徒，在每次传授技艺的时候，大王总会说这样一番话：“记住，每一剪刀下去都要负责任。虽然我们做的不是什么伟大的工作，但是一定要把它做好。”这话也是大王正式做学徒的那天老师对他说的第一句话。

有一位顾客来店里剪发，大王告诉他大概需要四十分钟的时间，但是剪到三十分钟的时候，这位顾客突然接了一个电话，需要马上离开。大王坚持必须要把头发剪完才能走，否则会影响整体的效果。客人当时非常生气，但是又拗不过大王，只得把头发剪好了之后才离开。

半年之后，那位客户又来了，他对大王说：“上次因为在你这里剪头耽误了生意，所以我发誓以后再也不来这里剪头发了。但是后来发现其他店剪出来的效果都没有你这里好。现在我和我周围的人都只认你这一家理发店。”

当然，大王的做法也值得商榷，他完全可以等顾客办好事之后再来店里修补，但是他的态度是每个人都要学习的：虽然工作平凡无奇，但是我也要把它做好。人们常说：“平平淡淡才是真”，平凡人不一定要有惊天动地的壮举，但是我们完全可以在平凡的岗位上朝着理想的方向奋进，秀出自己的精彩。

平凡是生命的常态，那些伟大的人毕竟几个世纪才出现一个。平凡并不可怕，可怕的是平庸，机遇对于每个人都是平等的，而关键就在于你是否去寻找并抓住它，在平凡的生活中做出不平凡的业绩。所有的不平凡都来自于平凡，把每件小事做好本身就是不平凡。我们在平时的工作中，不要轻视平凡，也不要把平凡的工作过得平庸。每个人都不要满足于“还可以”的工作状态，要做到更好，成为一颗不可或缺的“螺丝钉”。

平庸和卓越往往只有一线之隔，如果你在平凡中日复一日，做一天和尚撞一天钟，即为平庸；如果你在平凡中开拓进取，不断创新，即为卓越。我们可以这样说，没有人注定平凡，也没有人注定卓越，所有的一切只在于面对生活的态度。积极乐观让人从平凡变得卓越，而消极萎靡让人从卓越变得平庸。如果没有自己独立的思想，没有自己的计划和目标，逃避应该承担的责任，那么最终将沦为平庸。

平凡的人说的是那些没有过高的、不切合实际的理想，认真生活的人，这样的人才会将平淡的日子过得异常精彩。首先需要有乐观的态度，要将人生视为一种不断奋斗的力量，要承担得起成功，也要经受得住失败，用宽容的胸怀善待周围的一切人和事。如果你能做到将复杂的事简单做，简单的事重复做，重复的事快乐做，快乐的事用心做，那么你一定能够拥有精彩的人生。其次要学会坚持，在生活中，我们经常头疼，为什么很多事情明明自己很想坚持下去，但是经过一段时间之后就放弃了，比如：学英语、运动、减肥等等。放弃的原因很简单，就是没有坚强的意志力，而意志力又是拥有精彩人生的基础。不坚持，你不会拥有纯正的英语口语；不坚持运动，你不会拥有健硕的体魄；不坚持，你也不会拥有完美的身材。再次，要避免急功近利的心态，要知道聚沙才能成塔，集腋才能成裘，所有的成就都是一点一滴的积累，要看到每天自己的变化，方能成就美满。

历史告诉我们，同一个时代会产生伟人，但是最多的还是数不胜数的平凡人。如果能将每一个平常的日子过得有滋有味、有声有色，那么人生便是成功的。我们要学会用平和的心态，认真做好每一件事，扎实过好每一天，成功演绎自己的角色，让平凡的自己创造不平庸的生活！

第十二章

DI SHI ER ZHANG

一辈子，三万天——不生气的幸福活法

你是不是不满足于自己所拥有的一切？你是不是怨恨命运的不公？你是不是时常忧郁、时常生气？人生苦短，如果我们每天都活在生气中，人生就没有乐趣可言了。所以，人应该控制自己的情绪，不随便因为一点事情就生气，以乐观的态度过好每一天，找到一种不生气的活法。

1

人生短短三万天，哪有时间生气

在现实生活中，我们总会因为一些事情生气，而当人生气时就想要发泄愤怒，就会斗气，所以斗气的情况随处可见，而这也就是人和动物最大的不同。虽然斗气能够让人得到一时的满足，却会有很大的破坏性。斗气会使你应追求的目标变得模糊。夫妻之间斗气，家庭就不会和睦，会妨碍家庭幸福；两人斗气，会忽略事业；两个公司斗气，会损害公司利益。两虎相争，必有一伤，无论怎样，斗气只会浪费大量的精力和金钱，最重要的是斗气会浪费大量的时间，而人生苦短，又哪里有时间来生气呢？这实在不是智者所为。

很多的人能够在大事面前稳住阵脚，做到临危不乱，但当面对一些小事时却乱了阵脚，常常会心神不宁；看事情分大小，大事能够承受得了失利的打击，在小事上却会烦忧；可以在大事上潇洒地放手，却对一些鸡毛蒜皮的小事念念不忘、斤斤计较，这是很多人的通病。仔细想想，我们的生命如此短促，不可能全由惊天动地的大事构成，还是鸡毛蒜皮的小事居多，如果为那些不值一提的小事生气，实在是不值得。

很多时候，人只有经过死亡的洗礼，才会知道生命的可贵，才知道自己随随便便的生气是多么愚蠢的举动，才知道应该快乐地度过生命的每一天。1945 年 3 月的某一天，罗勃·摩尔所驾驶的潜水艇遭到了袭击，六枚深水炸弹在潜水艇周围炸开，当时罗勃感觉潜水艇在剧烈的摇动，似乎随时都可能炸掉，他吓得无法呼吸，不停地对自己说："这下完了，这下死定了……"

在炸弹爆炸期间，罗勃想到了曾经能够轻易引起自己怒火的一些事。

比如他常常因为没有钱来买房子、车子而生气，常常因为妻子花钱买好衣服而生气，甚至还为一次车祸在额头上留下的伤痕而随意地在生活中发火，仔细想来这些能够让他生气的事情全部都是一点芝麻小事，而他却因为这些事情同妻子吵架……

攻击一直在继续着，直到15个小时后，才停止了。这次生死危机让罗勃有了很深的感悟。他忽然觉得多年之前那些轻而易举就令人动怒的事，在生命受到深水炸弹威胁时，显得那么的荒谬、渺小，那么的微不足道。在这惊心动魄的15个小时中，罗勃暗暗发誓，如果自己还有机会逃出生天，再看到太阳和星星的话，那就再也不会随随便便因为一些小事而生气了。在这15个小时里，他从生命中学到的，比在大学四年学到的东西还要多得多。

所以，在生活中当你为一些小事生气的时候，不妨这样想想：如果下一刻死神就会来带走我的生命，那我还会在乎这些小事吗？还会因为这些事情来大发牢骚以泄烦恼吗？当然不会！倘若死神要来带走我们的生命，那首先要做的就是珍惜这短暂的生命，过好每一天。所以，以豁达淡然的心态接受你所遇到的，不要轻易发怒，不论是好的还是不好的，都要坦然面对。

在现实生活中，很多人都常常轻易地就心生不安，思虑重重，甚至寝食难安，可是仔细思考原因却发现，只是因为别人的一个眼神、一句笑谈、一个动作而已。其实我们生气就是因为我们花了太多时间思考这些事情的内涵，但是这些眼神、笑谈、动作在很多时候是没有特殊意义的，只是因为我们自己太在乎，所以才会生气。

我们确实无法左右他人的言论，何况大多数人都喜欢对人评头论足，这是无法禁止的，但是我们要知道，其实喜欢对别人评头论足的人也的确没有什么恶意，只是随便说说而已，逞一逞口舌之快。而且别人说别人的，我们听我们的，对于别人的评价，我们完全可以采取不介意的态度，更没必要为之生气。

有一句话说得好，“生活就是源源不断的事件”，生活就是由一件件的事情组成的。当你认识到小事常常发生，生活中原本就充满了各种各样冲突性的选择、要求、渴望与不可预期的事情时，你的心自然而然就变得平静了，就不会再浪费宝贵的时间和精力去为鸡毛蒜皮的小事争斗。

许多人都有为小事斤斤计较的毛病，这是人之常情。自然界中万物的变化，有盛便有衰；人世间的事情也同样如此，有得便有失。“智者千虑，必有一失；愚者千虑，必有一得。”得与失，无论是圣人还是愚人，他人还是自己，都无处不在。其实人活在世上只有短短几十年，却浪费了很多时间为一些很快就会过去的小事生气，这是对生命的短暂时光的浪费。而当你敞开自己的心胸、扩大自己的眼界时，你就会发现生命是如此的短暂，世界是如此美好，你就会变成一个平静、安宁的人，会笑看生活中的得与失，从容地面对生活，不再为小事而轻易发怒！

人最宝贵的就是生命，最美好的也是生命，但是生命对于我们却是短暂的，多者不过区区的三万余天，我们应该珍惜生命中的每一天，以乐观、豁达的心态来看待日常的事务，笑看生活中的花开花落，云卷云舒，将时间都用在快乐的生活中，只有这样我们才能不轻易地生气，让每一天都在快乐中度过！

2 多一些淡泊，少一些欲望

人为什么常常生气呢？难道真是因为生活中有那么多的不开心吗？难道真是因为生活过得不好吗？其实并非如此，一切都是因为人的欲望，人总会想着去和别人比较。当人开始和别人比较时，就会觉得挣得不如人家多，住的房子不如人家大，车也不够好，职位也很低……而当有这些差距时，人就会被欲望控制，人内心就会变得不满，就会开始生气。其实，幸福绝不是腰缠万贯、豪华奢侈，幸福也不是位高权重、呼风唤雨，幸福只是对平凡生活的一种感悟，平凡才是人生的真境界。人只有保持一个淡泊的心态，才能坦然面对人生得失，才能不被人生中的各种欲望左右，只有这样才能不被生气影响。

每个人都有自己的活法，对个人而言，人人都有自己的追求；对社会而言，人人都有自己的贡献。所以我们绝不能将欲望的得失作为自己的判断标准，更不能让欲望影响我们的心情。可遗憾的是，在现代社会生活中，仍然有许多人因为欲望把功名利禄看成是一个人全部的生存价值，常常因为欲望得不到满足而在日常生活中闷闷不乐，甚至把自己的愤怒发泄给别人。

人的欲望是没有止境的，所以人总想着不断满足自己的欲望，为此，不惜付出更多的时间和精力，但付出也就意味着失去，人们因此失去了更多美好的东西。其实我们原本可以不需要很多，那都是我们的欲望而不是必需，我们却常常为了欲望而生气、烦恼。其实，平静而快乐地活着，才是生命的真谛，只有这样，生命才轻松而有意义，所以我们要控制自己的欲望，过得淡泊一些，这样才能不常生气，过得开心。

在莱茵河畔，一位青年正愤怒地走来走去。可以看出，他心烦意乱，似乎要跳进河里一死了之。这时候，一位牧师从旁边经过，停下来问道："小伙子，你有什么烦心事啊？竟然这样不得安宁？"

青年喘着粗气说："我叫莱恩，快30岁了，但是仍然什么成就都没有。家里还有一个整天大吵大闹的女人，这样的日子我真的不想再继续下去了。"听到这里，牧师微笑着问道："莱恩先生，那么你的理想是什么呢？"莱恩说："许久以来，我就有三个理想：财富、权力和美女。"牧师笑着说："莱恩，你跟我来吧，我帮你实现！"

说着，牧师带领莱恩先来到富翁怀特的豪宅。只见这位有钱人正躺在床上，脸色苍白，不久将离开人世。牧师对莱恩说："怀特先生为了追求财富不惜牺牲自己的健康，结果财富得到了，他却累倒了。"

两人又来到斯皮尔的官邸，只见他身边围着保镖。无论他做什么，保镖都寸步不离。斯皮尔吃饭，保镖先尝；斯皮尔睡觉，保镖都瞪大了眼睛盯着他；就连斯皮尔上厕所，他们也在马桶旁蹲着。牧师对莱恩说：“斯皮尔虽然有权势，但政敌很多，稍不注意就会有生命危险，他就是上街散步，保镖都要跟着。”莱恩说：“连基本的自由都没有，那他和蹲监狱有什么两样？”

接着，他们又来到了正当红的明星布蕾丝家中。布蕾丝正冲一位菲律宾佣人大发脾气，甚至还对菲佣进行打骂。牧师悄悄地对莱恩说：“如果他发出叫声的话，将招致更严厉的惩罚。”

从布蕾丝家出来后，牧师问莱恩：“小伙子，三个理想，你想实现哪一个，我都可以完成。”莱恩想了一会儿，说：“不，牧师，其实我什么也不缺，我比怀特先生健康；我比斯皮尔先生自由得多；至于布蕾丝嘛，我老婆可比她贤淑善良多了……”牧师满意地伸出手来和莱恩相握，这时似乎有一抹温暖的阳光落了下来洒在他们的身上。

想想我们自己，是否也像莱恩一样有太多贪念呢？总是梦想着有更多金钱、权力，以及各种不切实际的幻想，却忽略了平淡日子中的美好，乃至患得患失，不得安宁。其实，生活中那些不幸福的人，并不是得到的东西太少了，而是他们的欲望太多了。心中少了一丝的淡泊，就会在欲望的驱使下徒增许多烦恼。当无法满足眼前的生活时，难免感到愤怒，认为上天对你不公。其实，这种愤怒是不必要的。

实际上，所谓的财富、权力和美女，并不是我们内心真正想要的，如果为了得到这些东西，整天生活在愤怒和不满中，这样的人生实在是太悲哀了。面对内心的愤愤不平，不妨静下心来，想想自己真正需要的是什么，而后去发现这个世界的美好，并把自己的欲望控制在合理范围内。并且，当你遇到挫折的时候，也不必大动肝火，而应懂得顺势而为，去开创自己的美好前程。

总之，许多时候，愤怒是因为有太多的欲望得不到满足。如果我们能够去把握自己所拥有的，多一些淡泊，少一些欲望，那我们就能拥有不生气的活法！

∠3 世界上没有绝对的输赢，不必凡事都要争个明白

一个聪明的人是不会随便与人相斗的，他们只跟自己斗。即使斗，也不会与人斗气，而是斗志，甚至根本不斗——这里的“志”即指“志向”，也就是一个人的胸襟、理想及对未来的抱负。换句话说，他们的眼中只有自己的目标，他们只管坚定地奔赴自己的目标，而别人的看法、自己的心理感受反而不是那么的重要，同样他们也不会在乎输赢，也就不经常生气了。

每个人都想把事情做到最好，都想成为最后的冠军，但在做事的过程中，在夺取冠军的道路上，总会有无数的坎坷与阻拦需要我们去跨越、去征服。这也就意味着，我们随时都有可能输，也会因此而生气。其实，不要在乎对方是不是跑在你前面，也不要管一时的得失，你只管走自己该走的路！不要因为输了就生气，就失去理智，你的每一个举动都应经过深思熟虑，不能感情用事，也不要冲动。“气”是一种空虚和漂浮的东西，它注定是不能长久的，那我们就要做到不因输赢而生气。

其实很多时候人们的失败正是因为生气，人生气了就会斗气，而斗气往往会让人忘记了目标，自然最终就会失败，而失败之后会更加生气，这就很容易让人陷入一个死循环中。只有到了年纪大了之时，看破世情，他们才了解斗气的荒谬可笑。所以人应该认清自己的目标，不能总是沉浸在输赢之中，要看清一时的得失，不要随便生气，努力地完善自己。须知，一条线，你不能把它变短，你只有画一条比它更长的线。一个问题，如果你不能快速地解决，那就换一种方法，放弃与对手硬拼。

有一位搏击高手，他参加锦标赛，了解各个选手，觉得胜券在握，一定可以夺得冠军。但出乎意料，在最后的决赛中，他遇到一个实力相当的对手，他用尽了全力，想尽了各种方法，都无法取胜。后来打到了中途，搏击高手意识到，自己竟然找不到对方招式中的破绽，而对方却能抓住自己的漏洞，因此牢牢占据了主动权。

比赛的结果可想而知，搏击高手惨败在对方手下，也失去了冠军的奖杯。他很不甘心地找到自己的师父，将对方和他搏击的过程，再次演练给师父看，并请求师父帮他找出对方招式中的破绽。他决心根据这些破绽，苦练出足以攻克对方的新招，决心在下次比赛时，打倒对方，夺回冠军的奖杯。

师父笑而不语，只是在地上画了一道线，然后要求他不能擦掉这道线，并设法让这条线变短。搏击高手感到非常为难，怎么会像师父所说的那样，能使地上的线变短呢？他尝试了各种可能，结果都做不到，只能转向师父请教。师父在原先那道线的旁边，又画了一道更长的线。两者相比较，结果原先的那道线看起来就变短了。

看到这里，徒弟恍然大悟，说道："原来夺得冠军的关键，不仅在于如何攻击对方的弱点，正如在地上画线，如果你不能使这条线变短，那你就要懂得放弃在这条线上做文章，去画另一条更长的线。那就是只有你自己变得更强，对方就会变弱了。如何使自己更强，才是需要苦练的根本。"

师父微笑着说："正是这样，搏击要用脑，要学会选择，攻击其弱点，同时要懂得放弃，以自己之强攻其弱。"

人生就如同这场拳击比赛，要学会斗智，不能总是想着别人比自己弱，只有自己强了才能赢，因为别人的强大而生气，只是徒增烦恼。正如故事中的那位搏击高手，欲找出对方的破绽，给予致命的一击，快速解决问题，但只是在不断的失利中烦恼、生气，最后只会心烦而失败。

其实完全可以选择另一条路。不要总是去在意输赢，懂得放弃，不跟对方硬拼，而是增强自身的实力，让自己成为一条更长的线。就像故事中那位师父提供的方法那样，注重在人格、知识、智慧、实力上成长，让自己变得更加成熟，变得更加强大，以己之强攻彼之弱，许多问题便不治而愈，迎刃而解。人也就不会因为失败而烦恼生气。

当然了，不要过多注重输赢，并不是说一味地退让。现实生活中，各种斗争总是围绕在人的周围。有时难免会遇到一些小人，这种时候你不在乎一时的输赢，反而会让对方得寸进尺、步步紧逼，直到逼得你退无可退，这时你应该挺身而出，敢于针锋相对。所谓“狭路相逢勇者胜”，只有敢于硬碰硬，这种时候才会不因输赢而生气。

在一般情况下，退让可以作为坚忍不拔、忍辱负重的提炼概括。但一味退让并不是完美的策略，有时也应该学会针锋相对。围棋盘上锱铢必较、寸土必争，没有勇劲儿何来取胜？连公认的儒帅刘伯承不是也喊出过“狭路相逢勇者胜”吗？就连提倡中庸静气的孟子不是也有“虽万千人吾往矣”？在自己的战场上没有勇气发挥自己极致的潜能，根本就不能够取得辉煌，更不能得到人们的尊重！

人需要自己的个性，需要自己的风格，如果一个人一味过分退让、不敢针锋相对，那么他就会变成一个窝囊的人。退让只是一种手段，人不能因为一时的得失而生气，所以才会退让，但不能因为退让而退让。这种退让，是以牺牲自己的人格独立为代价的。过分退让，实际上是人对社会的一种消极适应方式，如果一个人一味地退让、不敢针锋相对，那他只会被烦恼包围，怎么可能不生气？只有该退的时候退让，才能做到不生气。

4

诱惑面前，保持一颗平常心

名利似乎是世人必须争取的东西，世人皆为利来利往，同样，每天都有人因为名利的诱惑而烦恼生气。其实从容处世，淡泊名利，坦然面对诱惑，是事业成功、学业有成的不可忽视的法则。如果无法在名利面前保持一颗平常心，甚至可能会让人身败名裂。

生活中总是存在各种各样的诱惑，每个人都想满足自己的诱惑，而诱惑基本上都得不到满足，所以人们身上的担子就会越来越重，心情就会越来越沉重，自然就会容易生气。所以要想做到不生气，最首要的就是放下，在诱惑面前，保持一颗平常心。在诱惑面前淡泊，就会少一些外物的束缚，就会活得潇洒自然。

一个富翁赚到了很多的金银财宝，但他觉得自己并不快乐。于是，他戴上这些金银财宝，四处去寻找快乐，可是走过了很多地方，也未能寻找到快乐，于是他沮丧地坐在山道旁。一个农夫正巧路过，富翁便询问他说："我是个拥有很多财富的富翁，可是，为什么我感受不到快乐？"

农夫放下沉甸甸的柴草，随意地说道："快乐很简单啊，放下就是快乐呀！"富翁顿时开悟：自己背负那么重的珠宝，还想着得到更多的珠宝，整天都受到财富的诱惑，快乐从何而来？于是下山后，富翁将珠宝全都接济穷人，专做善事。帮助别人的善举滋润了富翁的心灵，没有那些珠宝后，富翁身上的担子反而轻了，他深深地体会到了"放下"的快乐。

生活中的诱惑就像是一道无形的枷锁，它将沉迷其中的人深深地束缚住了，让他们整天都活在无尽的烦恼中。就像是这个富翁，他虽然家财万贯，但经常生气，自然也不可能快乐。其实，所有的一切不过是身外之物，看淡一切，就能够以平常心面对诱惑。不要因为失去一些诱惑，心理就不平衡，变得容易生气、浮躁不安。

东西太多并不见得是好事，少一点也不见得不好。在当今社会，人们被名利诱惑着，被它们压得喘不过气，整天暴躁易怒，非常容易生气，快乐从哪里找呢？其实，只要你心无牵挂，能够看得开、放得下各种诱惑，心中自然坦荡，生气自然会远离你，快乐也自然会围绕在身边。

生活其实简单就好，太多的苛求只会让自己筋疲力尽，很少能有幸福的感觉，忧虑和愤怒不满却是时常伴随着你，最终只会让生命在整天无法停止的生气中匆忙而逝，一辈子实在是浪费了。不如放下各种诱惑，给生命一份从容，给自己一些淡然，人放松了，自然就不会生气。

功成名就从某种程度上讲并不难，只要用勤奋和辛劳就可以换取，把别人喝咖啡的时间都用来拼搏。实际上，你多得一份功名利禄，相应地就会少得一份轻松与悠闲。而我们苦苦追寻的一切名利，都会变成过眼云烟，终究会飘散。请牢记，人生最重要的是一个温馨的家和身边来之不易的快乐与自在。

人生得失无定时，要笑看生活中的各种诱惑。面对诱惑我们要坦然，胸襟豁达一些，眼光长远一些，不要因为一时的摒弃而生气，才能集中精力打造出更美好的未来。在现实生活中，人们常用名誉和地位来衡量自己是否成功，所以常常会受到名誉和地位的诱惑。因此，追求一定的名声、地位和荣誉，已成为当下的一种极为普遍的现象。很多人觉得，只有拥有名誉和权力，自身的价值才算是实现了。

其实，一个人想要的东西可以很多也可以很少，关键要有一个好的心态。人生在世，只是短短一瞬间，就像是偶然登台、仓促下台的匆匆过客，只是在世道舞台上走上一场。人生既然如此短暂，活着就要有一个良好的心态，不能总是生气，珍惜当前的人生，不能被诱惑左右。

平常心是一种心态，同时也是一种方法，一种战胜诱惑的方法，一种不生气的方法。学会以平常心看待生活中的诱惑，不仅是免受生气和痛苦折磨的良方，也是一种超然于世外的智慧。

我国著名人口学家马寅初先生就是一个拥有平常心的人，所以他能在得失之间做到不生气。当年，马寅初先生因提出“新人口论”遭遇了批判，并被撤销北大校长职务。那天，他正在家里“接受隔离审查”，他的儿子从外面着急地跑回来，说：“爸，你被撤职了！”他当时正在看书，连头都没有抬，只是淡淡地答了一声：“噢！”之后就继续看书了，一点都没有生气。十几年后，国家为马寅初先生平反，又恢复了他北大校长一职。他的儿子又从外面回来，开心地告诉他：“爸，你官复原职了！”他当时也在看书，也同样淡淡地答了一声："噢!"

这就是马寅初先生的心态，视荣辱为平常，置得失为平常，不因为生活中的诱惑生气或者喜悦，有的只是简单的坦然。这就是我们所说的从容，也就是那种持久的心理定力。这种定力，不是轻易就可具备的，需要接受深刻的心灵修炼，是对人意志、信念的考验，也是对人品行、人格的修炼，甚至还包括心灵的磨难。

人生在世，都想过得更好一些，追求更多的幸福。在各种可能的条件下，每个人都想找到能为自己带来更多快乐与满足的活法。所以，除了追名求利外，人生还有另一种心态，这种心态能够让我们不生气，那就是有一个平常心，坦然面对生活中的名利，粗茶淡饭，布衣短褐，以冷眼洞察社会，静观人生百态，不因失去而生气。这样，才能品味出生命的美好，享受到生活的快乐，这样就会成为一个不随便生气的人。

5 别让生活像上了发条的钟

总是有那么一些人，在生活中强迫自己不停息地工作，他们对工作有一种深深的瘾，就像是人们会对酒精的麻醉上瘾一样。这样的人被称之为工作狂，他们拒绝休息，总是有做不完的工作。他们的生活就像是上了发条的时钟，如果让他们停下来休息片刻，他们会认为纯粹是浪费时间。那么他们是成功者吗？当然不是，他们中很多人不但不成功，反而身心交瘁，整天心情不好，和家里人生气，最后甚至疏远了亲人，造成家庭的破裂。

确实，事业的成功是很重要的，但如果为此牺牲了快乐，整天像一张绷紧的弓，见人就生气，最终只会伤害到别人。真正的成功人士，会合理安排自己的工作时间，他们非常注意工作中有张有弛，绝不会将自己的时间安排得特别紧，他们注重各种形式的锻炼，以保持旺盛精力去应付艰巨的事业、工作，他们会特意地留出与家人共享天伦之乐的时间，所以那些成功的人总是满面笑容，平易近人，很少看到他们生气。这才是一个成功人士的生活方式。

人在一天的工作之后，心理和体力两方面都是很疲惫的，所以在心理和体力两方面都需要摆脱工作。如果在劳累了一天之后，还将公文包带回家继续挑灯夜战，其结果是越来越没有效率，在白天工作时也没有精力处理好事务，而且这也会给他带来白天拖延的理由，因为他会想："如果白天做不完，我可以在晚上继续。"久而久之，不仅效率低下，还会没有精力，人也变得暴躁易怒，对工作和生活都没有好处。

因此，"班上事，班上毕"。在一般情况下，不要把工作带回家，让自己下班后能够充分地调整自己。这样，你不仅能享有一段放松的休息时间，还有一晚上与家人同乐的美好时光，这将是一件非常美好的事情。第二天心情自然会好，人也就不会生气了。调节不一定需要花大量时间，从脑力劳动转换出去做几分钟体力劳动，从坐姿变为立姿，绕着办公室走一两圈，都可以迅速地放松自己。

另一方面，人类的心灵也需要安静、独处与放松的时间，以利于人从竞争的压力中解脱出来。因此，不妨调整自己繁忙的时间表，在平时安排一段时间来静坐默想，将自己内心的烦躁排解掉，以获得内心的平静，让自己摆脱竞争的忙碌和工作的压力，退一步向前看看自己究竟在做什么。

另外小睡也是一种有效的休息和放松的方法。小睡与正常睡眠不矛盾，它因人而异，有时花几分钟打个盹儿就能有很好的效果。通常小睡都是以能恢复体力为目的，不可贪睡，而且白天的小睡是一种既不多占时间又是有效地恢复体力的休息方法。所以说只要几分钟的时间，就能让人从那种上了发条的状态中解脱出来，让身心得到良好的休息和恢复。相信这样人就不会轻易生气了。

作为一个有经验的职场人士，更应该妥善地安排自己的时间，让自己能在上班的过程中保持良好的精力和心态，这样就不会轻易疲惫或生气。一般公司的上班时间，如果包含午休的一个小时的话，通常都有八个小时。所以八点钟上班的公司，办公时间大概就是：上午三小时，下午四小时。上午的三个小时还没有什么问题，下午便常常感到疲劳，感到倦怠，工作的效率便会降低，这时最需要的是以适度的休息恢复精神。

休息是为了走更远的路，而不是对时间的浪费，所以疲惫的时候就应该稍做休息，但是休息也绝不是要毫不顾忌地放松自己。一个人在办公室长时间的工作感到疲劳的时候，只需要停下手中的工作稍稍起来活动一下筋骨就可以了。比如：在走廊里散散步，做些简单的活动，等等。如果情况不方便的话，甚至只要在原地伸伸懒腰、打打哈欠就足够了。如果实在是不方便做这些活动的话，你不妨到洗手间，舒舒服服地伸个大懒腰、打个大哈欠，甚至洗把脸。

我们可以称这种为保持工作效率所做的休息为“积极的休息”。之所以将它冠上“积极的”三个字，是因为它有别于单纯的休息，它是为了保持工作效率，让自己放松一下心情，而对工作的暂停。这样的休息必能在最短的时间内达到最大的效果。

一般而言，如果你在工作中一直保持着前屈姿势的话，那么在休息时可以做一些反方向的动作，使受压迫部位的血液畅通，让过度使用的肌肉舒展。疲倦的感觉是身体在劳累时自然反映出来的警示信息，一定是身体某部位有了超负荷，所以提醒你休息，如果你还是熟视无睹、我行我素地工作，将更增加身体的负担，进而还会影响到你的心情，容易同人生气。所以，一旦出现了警示信息，最好停下来休息，让负担过重的部位得到缓解才是明智之举。

每个人都希望“一帆风顺”，所以才会将自己的生活安排得特别紧。时间安排得太紧只会让你觉得自己在不停地面对生活中的困难，会觉得疾病的纠缠、失落的彷徨、奋斗的挫折、情感的伤害、学习的压力等等都在困扰着自己，人们的不良情绪就会油然而生，生气只是这些不良情绪的自然反应而已。所以，必须努力调整自己的休息时间，别让生活像是上了发条的时钟。

高山流水、鸟语花香都是天籁之音，可以让人心旷神怡，让人感受到大自然的亲切。在紧张的生活中可以抽出一点时间出去游玩一番，放松自己，让自然镇静人的情绪，松弛人的身心。相信这些会让你受益匪浅，每天都能有一个好心情，让生气离你越来越远。

6 最糟，也不过是从头再来

生活中，很多人不能正确地看待个人的得失，常常患得患失，为表面的得到而沾沾自喜，失去时又非常生气。其实，得到了不一定就是好事，失去了也不见得是件坏事。正确地看待个人的得失，不患得患失，才能真正有所得。生活中，认识人、认识事物，都应该认识其根本。想要得也应得到真的东西，而不是什么都想得。失去固然可惜，但也要看失去的是什么，不要因失去而随意生气，最糟，也不过从头再来。

人生就是一个漫长的旅途，不要因为一时的失败就放弃，就愤怒生气，境况再糟糕也要有从头再来的勇气。你没有理由抱怨自己的现状太糟，哪怕失败得体无完肤，也只不过是回到了最初的起点，没什么大不了，从头再来就可以。

人生的路上不可能永远一帆风顺，总会有起起伏伏，没有昨天的失败，未必有今天的成功。只有不怕失败，不被失败影响心情，敢于从头再来的人，才能最终战胜自己、战胜命运。这种人，往往就是那种不生气的人。

杰克是一家大型金融机构的投资经纪人。有一次，客户原本打算用全部积蓄投资购买一家公司的小型股票，但杰克劝阻客户不要投资股票。客户听从了杰克的建议购买了基金，结果最后客户因为听从杰克的建议损失了一大笔钱。

虽然客户并没有怪他，杰克却很自责，长期下来，杰克变得十分沮丧，还变得容易生气，常常和同事争吵，一直都活在懊恼和对自己的愤怒中。后来他的朋友、同事，还有客户都告诉他，他的决策从当时的环境来看是很合乎实际的，是在慎重考虑后提出来的，并且他的业绩一直都不错，应该引以为傲的。但杰克还是不能原谅自己，他把自己封闭起来，听不进任何人的话，他也常常动不动就生气，生活一团糟。

后来，一位心理专家告诉杰克：我们很容易看清楚过去犯的错误，但却没有办法预知未来的事情。一切重新开始，没有什么大不了的。在心理专家的开导下，杰克终于原谅了自己，回到原行业。恢复自信后的杰克，心情也变好了，不再是那样容易生气，在事业上开始越做越顺手。

其实，生活中的一切都不会像想象的那样完美，接受不完美才有勇气面对现实。在人的一生中，你要做的事情很多，但不可能面面俱到。所以有时失去是很正常的事情，不要随便就因此而生气，因为这并不是什么难以接受的事情。认真对待生活，把握生活，但又不能抓得过死，松不开手。人生这枚硬币，其反面正是另一要旨：我们必须接受“失去”，大不了从头再来。

有时这种想法确实是不易接受。尤其当我们正年轻的时候，对自己、对这个世界都充满了信心，满以为我们全身心投入的事业一定会成功，而生活的现实却是按部就班地进行，并不是像我们想得那么简单。其实，人生就是在经受“失去”中逐渐成长，虽然会失去很多，但也会得到很多，所以不要因为一时的得失而生气，坦然面对一时的失败，生活才能越来越好。

这个世界上大多数人都经历过失败，有一些人越战越勇，哪怕失败也能从头再来，最终排除万难迎来了成功，而另外一些人却从此一蹶不振，轻易就被失败打倒，最终陷入了人生的泥沼。其实，所有的不幸和失败都不可怕，可怕的是我们丧失了斗志，只会沉浸在生气中，失去了从头再来的勇气。只要我们的生命还在，跌倒了就爬起来，失败了就从头再来，所有的伤痛都可以治愈，生气就会离我们越来越远！

有一首诗是这样写的："白云跌倒了，才有了暴风雨后的彩虹。夕阳跌倒了，才有了温馨的夜晚。月亮跌倒了，才有了太阳的光辉辉。"在坚强的生命面前，失败并不是一种摧残，它并不意味着你所有的努力都白费了，你浪费了时间和生命，而是对你生命的升华，是给了你一个重新开始的理由和机会。

现实中有太多的人曾无数次被逆境击倒、欺凌，甚至碾得粉身碎骨，但低落生气是没有用的，如果你觉得从来没有这么糟糕过，那你就对自己说：反正不会有比这更糟的时候了。这时你就会觉得心中豁然开朗，有了从零开始的勇气。

面对挫折时，想想卧薪尝胆的越王勾践，想想在奥运赛场上倒下又爬起的运动员，想想从黑暗无声的世界中挣脱的海伦。就算你的人生再糟糕，你的价值也没有被任何人夺走。所以不要生气，要相信自己，最坏也不过是从头再来。

7

活在当下的人，才是最幸福的

你是否还在为别人身上闪闪发光的奢侈品而嫉妒不已？你是否还在为别人的豪宅香车而眼馋不已？你是不是非常不满足自己现在拥有的一切，你是不是时常忧郁气愤，怨恨命运的不公？是不是常为此而生气？其实你所仰望的别人的幸福，你自己也拥有。你只顾着仰望别人，却忘了看看自己，幸福并不是只能用物质来衡量的等价物，你只顾着生气，就被遮住了幸福。

其实，幸福是一种心态，一种智慧。会享受人生的人，在意的不是自己拥有多少财富，不是拥有多大的房子，不是每个月有多少薪水，不是职位高低，他们不会纠结于已经失去或未曾拥有的，他们在乎的是当下的、握在手中的幸福。

有一位农民，他常年住在漆黑的窑洞里，终日以玉米、土豆为食，他的家里没有现代化家电，没有先进的数码设备，一个盛面的罐子就是家里最值钱的东西。在别人的眼中，他是贫困的、可怜的，甚至觉得那样的日子是无法忍受的。可他自己却过得乐在其中。

他整天无忧无虑，朝阳升起他唱着清脆的山歌去干活，夕阳落下他又唱着嘹亮的山歌走回家。别人都好奇他整天乐什么，这样艰苦的生活，他为什么不生气。他说："我渴了有水喝，饿了有饭吃，夏天住在窑洞里不用电扇，冬天热乎乎的炕头胜过暖气，日子过得美极了！"珍惜当下所拥有的一切，不为自己没有能力得到的东西而忧愁，就不会生气，就能感受到幸福。

其实，我们绝大多数人所拥有的东西，远远超过了故事中的农民，可惜我们总是忽略了自己手边最朴实的东西。也许，你的收入并不高，但粗茶淡饭总能满足你辘辘的肠胃，并且杜绝了那些富贵病对你的侵扰；也许，你的配偶并不是人群中最耀眼的那一个，但他能与你相亲相爱，白头偕老；也许，你的孩子虽然没有考上名牌大学，或者并没有获得进入高等学府的资格，但他知道孝敬父母，懂得自食其力，自力更生……人生，该拥有的东西还有很多很多。你只为了自己没有的东西而生气懊恼，却看不见已经握在手中的幸福，是一件遗憾而可悲的事情。

一位50多岁的富翁，因为投资失误而倾家荡产，并且欠下了一笔巨额债务。于是他决定变卖房子、汽车等所有家产以还清债务。无儿无女的他穷困潦倒，与他相依为命的只有一只心爱的猎狗和一本书。一天，他来到一个荒僻的村庄，并在一个破旧的茅棚里安顿下来，他疲惫地在里面歇息了一晚。第二天一早，他惊奇地发现心爱的猎狗竟然被人杀死在门外。

失去了与自己相依为命的猎狗，他彻底地对自己的人生感到绝望，觉得世间再没有什么东西值得他留恋，于是他想要结束自己这了无牵挂的生命。就当他最后扫视周围的一切时他才发现，整个村庄如死一般沉寂。荒芜的大地上除了尸体还是尸体，眼前的这一切让他震惊不已，到处都是狼藉一片。

显然，这个村遭到了匪徒半夜的洗劫，而他是整个村庄唯一一个幸存下来的人。此时，一轮红日冉冉在东方升起，明媚的阳光柔柔地照到了老人的脸上。他这才意识到他是那里唯一的幸存者，虽然失去了心爱的猎狗，但是得到了生命，这才是人生最宝贵的。

幸福其实就是珍惜已经拥有的一切。如果你想生活得快乐，想要在生活中做到不生气，那么就要学会知足。别再为生活琐事而生气，不要庸人自扰，不要妄自菲薄。拥有需要的东西就是幸福。在沙漠里，对于迷困于沙漠匮乏物资的旅行者来说，拥有食物和水就是幸福，它们远比成堆的金银财宝更管用；在大海上，对于在一艘即将下沉的船上的人们来说，拥有救生设备就是幸福，它们远比豪宅豪车来更具价值；在贫困山区，对于贫穷的山区儿童来说，能够拥有一支完好的铅笔和一本干净的作业本，那就是幸福。

现在很多人都成了“穷忙族”。无论是收入可观的城市白领，还是普普通通的打工者，都表示自己为生活的奔波感到疲惫，都在为了生活郁郁寡欢，整天心情不好的生气。然而有些人的收入其实并不低，但他们仍旧觉得自己很穷，觉得自己必须要这么忙下去才能满足生活的开销。

在某机关单位工作的王飞，他每个月有3000多元的工资，这在兰州已经不少了，但他说自己上有老下有小，不仅要考虑孩子考学、成家，买房等种种大事，还要为父母的愈渐愈差的身体状况做打算，未来的开支对他来说是一笔无法估计的巨额，生活和生计的压力让他疲惫不堪。

也正是这样，王飞每天的心情都不好，整天对人发脾气。本来已经过上小康生活，却总是还与处在温饱线上挣扎的人相比较；本来已经升到管理层，却还是觉得意犹未尽；本来有车有房，却总爱在朋友面前自嘲并以穷人自居。到底什么才叫真正的富有？是年薪千万？是家中居住的豪宅别墅？还是拥有买辆车跟买手机一样随便的快感？不懂得满足，你永远感觉不到自己的富足，也永远感觉不到自己的幸福，同样永远都不能不生气。

关于幸福或者不幸福的定义，都在于人们自己内心的想法，所有的幸福只有感知到才能叫做幸福。幸福可以是激荡狂欢，幸福也可以是远离喧嚣、感受宁静；有妻儿相伴可以叫做一种幸福，在父母身边膝下承欢也可以算作一种幸福；拥有财富是一种幸福，两袖清风终老一生也是一种幸福。其实幸福一直都在你的生活中，只是它没有能力开口说话，但是只要你懂得珍惜当下，知足常乐，那么幸福自然可以常伴在你左右。